建筑工人职业技能培训教材

建筑工程系列

钢筋工

（第二版）

《建筑工人职业技能培训教材》编委会 编

中国建材工业出版社

图书在版编目(CIP)数据

钢筋工 /《建筑工人职业技能培训教材》编委会编
. —2 版. -- 北京：中国建材工业出版社，2023.8
建筑工人职业技能培训教材
ISBN 978-7-5160-3780-5

Ⅰ. ①钢… Ⅱ. ①建… Ⅲ. ①配筋工程－工程施工－技术培训－教材 Ⅳ. ① TU755.3

中国国家版本馆 CIP 数据核字（2023）第 131317 号

钢筋工（第二版）
GANGJIN GONG (DI ER BAN)
《建筑工人职业技能培训教材》编委会 编

出版发行：中国建材工业出版社
地　　址：北京市海淀区三里河路 11 号
邮政编码：100831
经　　销：全国各地新华书店
印　　刷：北京雁林吉兆印刷有限公司
开　　本：850mm×1168mm　1/32
印　　张：6.625
字　　数：150 千字
版　　次：2023 年 8 月第 2 版
印　　次：2023 年 8 月第 1 次
定　　价：26.00 元

本社网址：www.jccbs.com，微信公众号：zgjcgycbs
请选用正版图书，采购、销售盗版图书属违法行为

《建筑工人职业技能培训教材》

编审委员会

前　言

《中华人民共和国就业促进法》、国务院《关于加快发展现代职业教育的决定》〔国发(2014)19号〕、住房城乡建设部《关于印发建筑业农民工技能培训示范工程实施意见的通知》〔建人(2008)109号〕、住房城乡建设部《关于加强建筑工人职业培训工作的指导意见》〔建人(2015)43号〕、住房城乡建设部办公厅《关于建筑工人职业培训合格证有关事项的通知》〔建办人(2015)34号〕等相关文件，对全面提高工人职业操作技能水平，以保证工程质量和安全生产做出了明确的要求。

根据住房城乡建设部就加强建筑工人职业培训工作，做出的"实现全行业建筑工人全员培训、持证上岗"具体规定，为更好地贯彻落实国家及行业主管部门相关文件精神和要求，全面做好建筑工人职业技能教育培训，由中国工程建设标准化协会建筑施工专业委员会、黑龙江省建设教育协会、新疆建设教育协会会同相关施工企业、培训单位等，组织了由建设行业专家学者、培训讲师、一线工程技术人员及具有丰富施工操作经验的工人和技师等组成的编审委员会，编写这套《建筑工人职业技能培训教材》。

本套丛书主要依据住房城乡建设部、人力资源和社会保障部发布的《职业技能岗位鉴定规范》《中华人民共和国职业分类大典(2022年版)》《建筑工程施工职业技能标准》《建筑装饰装修职业技能标准》《建筑工程安装职业技能标准》等标准要求，以实现全面提高建设领域职工队伍整体素质，加快培养具有熟练操作技能的技术工人，尤其是加快提高建筑业农民工职业技能水平，保证建筑工程质量和安全，促进广大农民工就业为目标，重点抓住建筑工人现场施工操作技能和安全为核心进行编制，"量身定制"打造了一套适合不同文化层次的技术工人和读者需要的技能培训教材。

本套教材系统、全面地介绍了各工种相关专业基础知识、操作技能、安全知识等，同时涵盖了先进、成熟、实用的建筑工程施工技术，还包括了现代新材料、新技术、新工艺和环境、职业健康安全、节能环保等方面的知识，力求做到技术内容最新、最实用，文字通俗易懂，语言生动简洁，辅以大量直观的图表，适合不同层次水平、不同年龄的建筑工人职业技能培训和实际施工操作应用。

丛书共包括了“建筑工程”“装饰装修工程”“安装工程”3大系列以及《建筑工人现场施工安全读本》，共25个分册：

一、“建筑工程”系列，包括8个分册，分别是：《砌筑工》《钢筋工》《架子工》《混凝土工》《模板工》《防水工》《木工》和《测量放线工》。

二、“装饰装修工程”系列，包括8个分册，分别是：《抹灰工》《油漆工》《镶贴工》《涂裱工》《装饰装修木工》《幕墙安装工》《幕墙制作工》和《金属工》。

三、“安装工程”系列，包括8个分册，分别是：《通风工》《安装起重工》《安装钳工》《电气设备安装调试工》《管道工》《建筑电工》《中小型建筑机械操作工》和《电焊工》。

本书根据“钢筋工”工种职业操作技能，结合在建筑工程中实际的应用，针对建筑工程施工材料、机具、施工工艺、质量要求、安全操作技术等做了具体、详细的阐述。本书内容包括钢筋工基本知识，钢筋的配料与加工，钢筋的焊接，钢筋的机械连接，钢筋的绑扎与安装，钢筋工程质量验收标准，钢筋工程冬期施工，钢筋工安全操作技术。

本书对于加强建筑工人培训工作，全面提升建筑工人操作技能水平和职业安全水平具有很好的应用价值，对保证建筑工程施工质量，促进建筑安装工程施工新技术、新工艺、新材料的推广与应用也有很好的推动作用。

由于时间限制，以及编者水平有限，本书难免有疏漏之处，欢迎广大读者批评指正，以便本丛书再版时修订。

编　者

2023年8月　北京

目录 CONTENTS

第1部分　钢筋工岗位基础知识

一、建筑工程施工图的基本知识

1. 建筑工程施工图概述

建筑工程施工图是一种能够准确表达建筑物的外形轮廓、大小尺寸、结构形式、构造方法和材料做法的图样，是沟通设计和施工的桥梁。

(1)施工图的分类。

由于专业分工的不同，施工图一般分为建筑施工图、结构施工图和设备施工图。

①建筑施工图(简称建施)：主要说明建筑物的总体布局、外部造型、内部布置、细部构造、装饰装修和施工要求等。其图纸主要包括总平面图、建筑平面图、建筑立面图、建筑剖面图、建筑详图等。

②结构施工图(简称结施)：主要说明建筑的结构设计内容，包括结构构造类型，结构的平面布置，构件的形状、大小、材料要求等。其图纸主要有结构平面布置图、构件详图等。对于钢筋工来说，识图的重点在于对结构施工图的识图。

③设备施工图(简称设施)：包括给水、排水、采暖通风、电气照明等各种施工图，主要有平面布置图、系统图等。

(2)施工图的编排顺序。

一套建筑施工图往往有几十张，甚至几百张，为了便于看图，便于查找，应当把这些图纸按顺序编排。

建筑施工图的一般编排顺序是：图纸目录、施工总说明、建筑施工图等。

各专业的施工图，应按图纸内容的主次关系进行排列。例如：基本图在前，详图在后；布置图在前，构件图在后；先施工的图在前，后施工的图在后等。

2. 结构施工图的识读

结构施工图表示房屋的各承重构件（如基础、梁、板、柱）等的布置、形状、大小、材料、构造及相互关系，也是建筑施工的技术依据。结构施工图一般包括结构平面布置图（如基础平面图、楼层平面图、屋顶结构平面图）、结构构件详图（梁、板、柱及基础结构详图）及结构设计说明书。

（1）基础图。

基础图包括基础平面图和基础详图。基础平面图只表明基础的平面布置，而基础详图是基础的垂直断面图（剖面图），见图 1-1，用来表明基础的细部形状、大小、材料、构造及埋置深度等。

①阅读基础平面图应注意了解以下内容。

a. 轴线编号、尺寸，它必须与建筑平面图完全一致。

b. 了解基础轮廓线尺寸与轴线的关系。为独立基础时，应注意基础和基础梁的编号。

c. 了解预留沟槽、孔洞的位置及尺寸。有设备基础时，还应了解其位置、尺寸。

通过了解剖切线的位置，掌握基础变化的连续性。

②阅读基础详图时应了解以下基本内容。

a. 基础的具体尺寸（即断面尺寸）、构造做法和所用的材料。

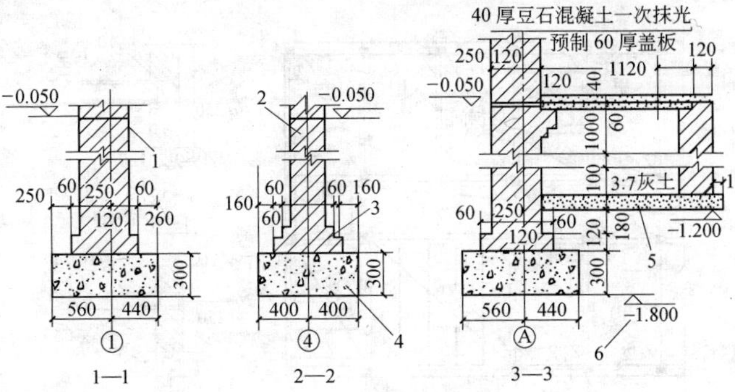

图 1-1　条形基础剖面图

1—防潮层；2—砖基础；3—大放脚；4—混凝土垫层；
5—灰土；6—基础埋深标高

b. 基底标高、垫层的做法、防潮层的位置及做法。

c. 预留沟槽、孔洞的标高、断面尺寸及位置等。

结构设计说明书应说明主要设计依据，如地基承载力、地震设防烈度、构造柱和圈梁的设计变化、材料的标号、预制构件统计表及施工要求等。

(2)楼层结构平面布置图及剖面图。

楼层结构的类型很多，一般常见的分为预制楼层、现浇楼层以及现浇和预制各占一部分的楼层。

①预制楼层结构平面布置图和剖面图。它主要作为安装预制梁、板用图。其内容一般包括结构平面布置图、剖面图、构件用量等。阅读时应与建筑平面图及墙身剖面图配合阅读，见图 1-2。

预制楼层结构平面图主要表示楼层各种预制构件的名称、编号、相对位置、定位尺寸及其与墙体的关系等。见图 1-2 中虚线为不可见的构件墙或梁的轮廓线，此房屋为砖墙承重、钢筋混

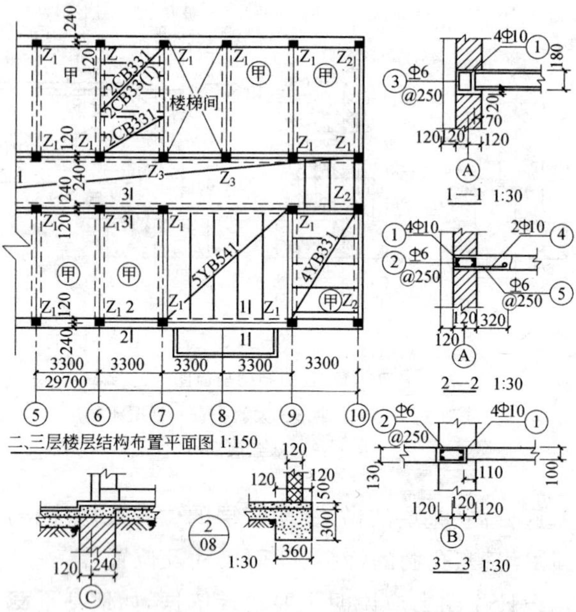

图 1-2　预制楼层结构平面图和剖面图

凝土梁板的混合结构，除楼梯间外，各房间的板均为预制空心板，从图中可知板的类型、尺寸及数量。所用楼板为三种，分别为 YB54·1、YB33·1、CB33·(1)，数量如图所示，代号为甲的房间所用楼板为 4YB33·1。二、三层楼板的结构标高为 3.350m 和 6.650m。另外，给出的 1—1、2—2、3—3 剖面图表明了梁、板、墙、圈梁之间的关系。

②现浇楼层结构平面布置图及剖面图。主要为现场支模板，浇筑混凝土制作梁板等用。其内容包括平面布置图、剖面图、钢筋表等。阅读图样时同样应与相应的建筑平面图及墙身剖面图配合阅读。

现浇楼层结构平面图主要标注轴线号、轴线尺寸、梁的位置和编号、板的厚度和标高及配筋情况。见图 1-3，现浇板的上皮标高为 3.720m，主筋为双向布置Φ 8@125，构造分布筋为Φ 8@200。

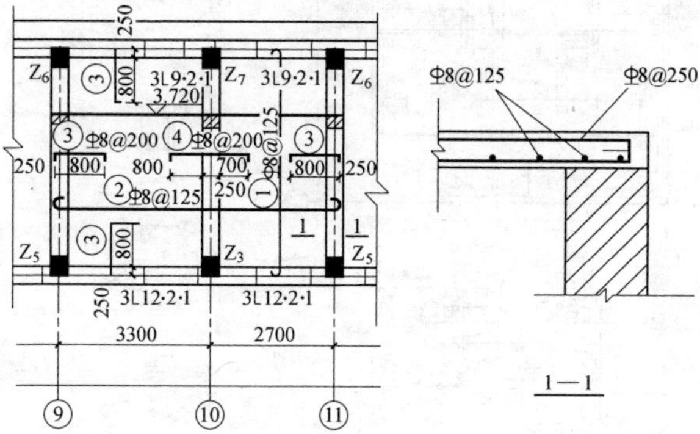

图 1-3 现浇楼层结构平面图

(3)钢筋图示方法及尺寸标注。

①图示方法。为了突出表示钢筋的配置情况，在构件结构图中，把钢筋画成粗实线，构件的外形轮廓线画成细实线，在构件的断面图中，钢筋的截面则画成粗圆点。另外还要标注钢筋的编号，同类型的钢筋可采用同一钢筋编号。编号的方法是在该钢筋上画一条引出线，在其另一端画一直径为 6mm 细线圆圈，在圆圈内写上钢筋的编号。然后在引出线的水平部分上标注钢筋的尺寸(图 1-4)。表 1-1 列出了钢筋的画法。

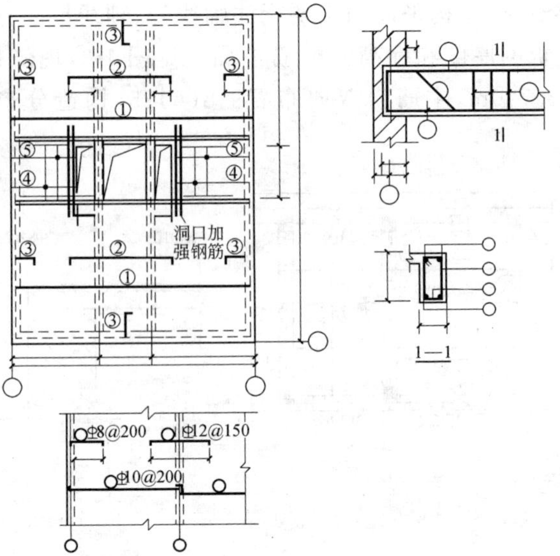

图 1-4 钢筋的图示方法

表 1-1 钢筋的画法

序号	说明	图例
1	在结构平面图中配置双层钢筋时，底层钢筋的弯钩应向上或向左，顶层钢筋的弯钩则向下或向右	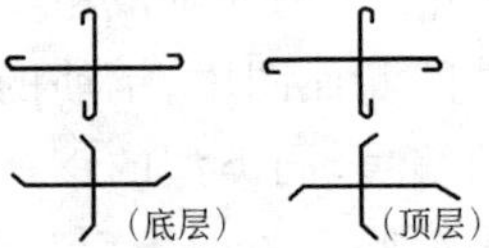
2	钢筋混凝土墙体配双层钢筋时，在配筋立面图中，远面钢筋的弯钩应向上或向左，而近面钢筋的弯钩向下或向右（JM 近面，YM 远面）	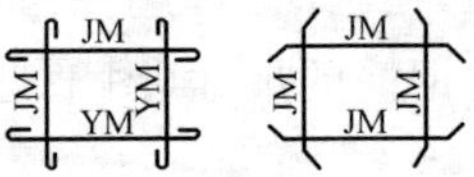
3	若在断面图中不能表达清楚的钢筋布置，应在断面图外增加钢筋大样图（如钢筋混凝土墙、楼梯等）	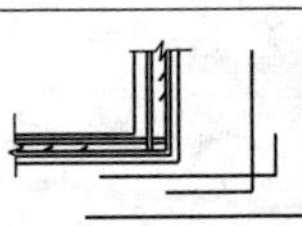

续表

序号	说明	图例
4	图中所表示的箍筋、环筋等若布置复杂时，可加画钢筋大样及说明	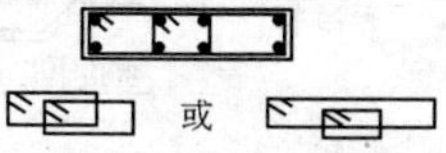
5	每组相同的钢筋、箍筋或环筋，可用一根粗实线表示，同时用一两端带斜短划线的横穿细线，表示其余钢筋及起止范围	

②尺寸标注。钢筋的直径、数量或相邻钢筋中心距一般采用引出线方式标注，其尺寸标注有下面两种形式。

a. 标注钢筋的根数和直径，如梁内受力筋和架立筋。

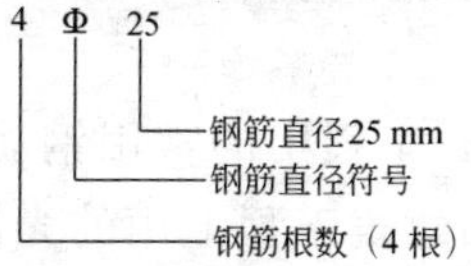

b. 标注钢筋的直径和相邻钢筋中心距，如梁、柱内箍筋和板内钢筋。

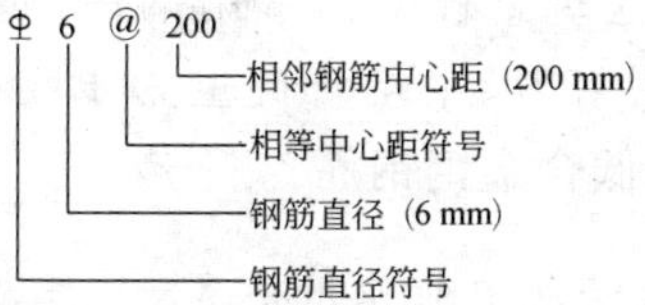

钢筋简图中的尺寸，受力筋的尺寸按外皮尺寸标注，箍筋的尺寸按内包尺寸标注，见图1-5。

二、建筑钢筋的分类

钢筋广泛应用于建筑工程中，其名称种类很多，通常有以下几种分类方法。

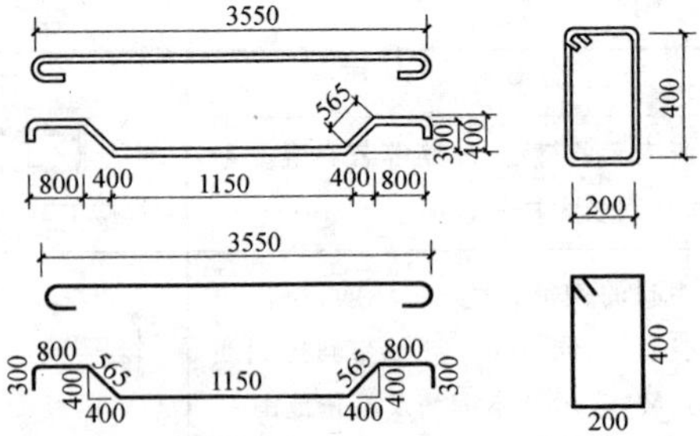

图 1-5 钢筋尺寸标注

1. 按钢筋的化学成分分类

钢筋按照其化学成分可分为低碳素钢钢筋和普通低合金钢钢筋。

(1)低碳素钢钢筋：工程中的常用钢筋，由碳素钢轧制而成，含碳量小于0.25%。如建筑工程上用的光圆钢筋、螺纹钢筋都是由碳素钢轧制而成的。

(2)普通低合金钢钢筋：普通低合金钢钢筋是采用低合金钢轧制而成的，也是建筑工程中的常用钢种，如 $45Si_2Mn$，它表示是平均含碳量为 0.45%、平均含硅量为 1.5%～2.5%、平均含锰量小于 1.5%的低合金钢钢筋。

2. 按钢筋在构件中的作用分类

钢筋在构件中的分布见图 1-6。

(1)受力钢筋：是指在外部荷载作用下，通过计算得出的构件所需配置的钢筋，包括受拉钢筋、受压钢筋、弯起钢筋等。

(2)构造钢筋：因构件的构造要求和施工安装需要配置的钢筋，架立筋、分布筋、箍筋等都属于构造钢筋。

3. 按钢筋外形分类

(1)光圆钢筋:轧制为光面圆形截面的钢筋。

(2)带肋钢筋:又分为月牙肋钢筋和等高肋钢筋等(图1-7)。

(3)钢丝。

(4)钢绞线。

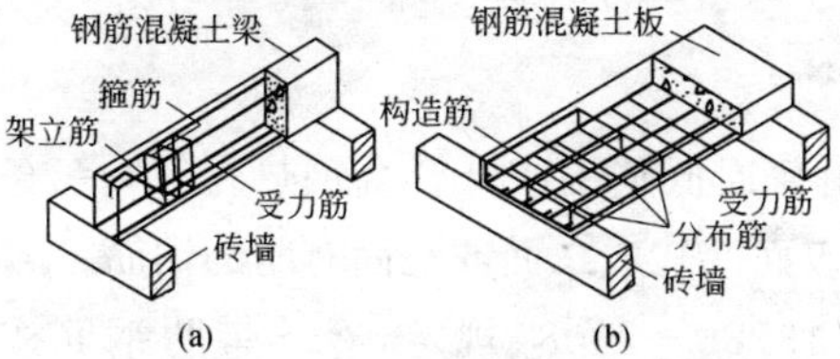

图1-6　钢筋在构件中的分布

(a)钢筋混凝土梁;(b)钢筋混凝土板

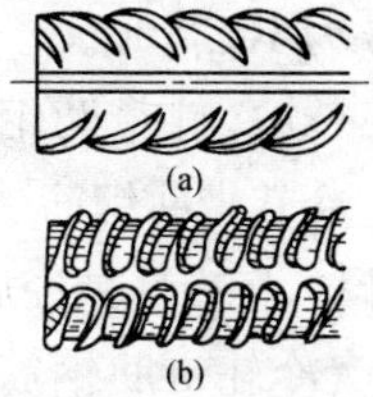

图1-7　带肋钢筋

(a)月牙肋钢筋;(b)等高肋钢筋

4. 按生产工艺分类

(1)热轧钢筋。

钢筋混凝土用热轧钢筋根据其表面特征又分为光圆钢筋和带肋钢筋。

钢筋混凝土用热轧光圆钢筋由低碳钢轧制而成,其牌号分为 HPB 235 和 HPB 300 两种,塑性及焊接性好,便于各种冷加工,广泛用作钢筋混凝土构件的受力筋和构造筋。

钢筋混凝土用热轧带肋钢筋又分为普通热轧带肋钢筋和细晶粒热轧带肋钢筋。普通热轧带肋钢筋,牌号分为 HRB335、HRB400、HRB500 三种;细晶粒热轧带肋钢筋牌号分为 HRBF 335、HRBF 400、HRBF 500 三种。其中 H 表示“热轧”,R 表示“带肋”,B 表示“钢筋”,F 表示“细晶粒”。

热轧带肋钢筋强度高,广泛应用于大、中型钢筋混凝土结构的受力钢筋。

(2)余热处理钢筋。

余热处理钢筋是经热轧后立即穿水,进行表面控制冷却,然后利用芯部余热自身完成回火处理所得的成品钢筋。余热处理钢筋应符合《钢筋混凝土用余热处理钢筋》(GB 13014—2013)的规定。余热处理钢筋的表面形状同热轧带肋钢筋,强度等级代号为 KL 400。

(3)冷轧带肋钢筋。

冷轧带肋钢筋是采用由普通低碳钢或低合金钢热轧的圆盘条为母材,经冷轧减径后在其表面冷轧成二面或三面有肋的钢筋。

《冷轧带肋钢筋》(GB 13788—2008)规定,冷轧带肋钢筋按抗拉强度分为五级,其代号为 CRB550、CRB650、CRB800、CRB970,其中 C、R、B 分别表示“冷轧”、“带肋”和“钢筋”三个词的英文首位字母,后面的数字表示钢筋抗拉强度等级数值。

冷轧带肋钢筋的公称直径范围为 4～12mm,同时,当进行冷弯试验时,受弯曲部位表面不得产生裂纹。钢筋的强屈比 $\sigma_b/\sigma_{0.2}$ 应不小于 1.03。

冷轧带肋钢筋具有以下优点。

①强度高,塑性好。

②握裹力强。混凝土对冷轧带肋钢筋的握裹力为同直径冷拔钢丝的 3～6 倍。

③节约钢材,降低成本。

④提高构件整体质量。

冷轧带肋钢筋将逐步取代冷拔低碳钢丝,其中 CRB550 级钢筋宜用作钢筋混凝土结构构件的受力主筋、架立筋和构造钢筋。其他牌号钢筋宜用作预应力钢筋混凝土结构构件的受力主筋。

(4)预应力混凝土用钢丝及钢绞线。

大型预应力混凝土构件,由于受力很大,常采用高强度钢丝或钢绞线作为主要受力钢筋。预应力高强度钢丝是用优质碳素结构钢盘条,经酸洗、冷拉或经回火处理等工艺制成。钢绞线是由 2、3、7 根直径为 2.5～5.0mm 的高强度钢丝,绞捻后经一定热处理清除内应力而制成。绞捻方向一般为左捻。

根据《预应力混凝土用钢丝》(GB/T 5223—2014)规定,钢丝按加工状态分为冷拉钢丝和消除应力钢丝两类。消除应力钢丝按松弛性能又分为低松弛级钢丝和普通松弛级钢丝。冷拉钢丝代号为 WCD,低松弛钢丝代号为 WLR,普通松弛钢丝代号为 WNR;按外形分为光圆钢丝(P)、螺旋肋钢丝(H)、刻痕钢丝(I)。

预应力混凝土用钢丝具有强度高、柔性好、无接头等优点。施工简便,不需冷拉、焊接接头等加工,而且质量稳定、安全可靠。它主要用于大跨度吊车梁、桥梁、电杆、轨枕等的预应力钢筋。

根据《预应力混凝土用钢绞线》(GB 5224—2014)的规定,钢绞线整根破坏最大负荷可达 300kN,屈服负荷最大可达 255kN。钢绞线主要用于大跨度、大负荷的后张法预应力屋架、桥梁和薄腹梁等结构的预应力筋。

(5)冷轧扭钢筋。

冷轧扭钢筋由普通低碳钢热轧圆盘条经冷轧扭工艺加工而成的螺旋状"冷加工变形钢筋"。

冷轧扭钢筋按截面形状的不同分为三类:近似矩形截面为Ⅰ型,近似正方形截面为Ⅱ型,近似圆形截面为Ⅲ型。按强度等级的不同可分为两级:CTB 550 和 CTB 650。

加工生产的冷轧扭钢筋应为连接的螺旋形、表面应光滑,不得有裂缝、折叠夹层等,亦不得有深度超过 0.2mm 的压痕或凹坑。

第2部分　钢筋工岗位操作技能

一、钢筋配料

1. 钢筋下料长度的确定

钢筋混凝土构件施工图中注明的钢筋尺寸，一般是指加工好了的钢筋外轮廓尺寸，也称钢筋的外包尺寸。钢筋加工时就是按外包尺寸进行验收。

钢筋加工时，钢筋都按直线长度下料。但实际构件中的钢筋形状多种多样，钢筋因弯曲或弯钩，都会使钢筋长度发生变化。因此在钢筋配料计算中，不能直接按图中的尺寸下料，而应考虑混凝土保护层厚度、钢筋弯曲长度变化、钢筋弯钩的规定等，再根据图中钢筋尺寸计算其下料长度。

(1)不同形状钢筋下料长度的规定。

①钢筋弯钩的增加长度。钢筋的末端，根据构造要求做成弯钩时，由弯钩引起的钢筋外包尺寸以外，需增加一定的长度值，而钢筋增加长度的多少，又与钢筋级别、弯钩形状、弯曲角度以及钢筋直径 d 等内容有关。除此之外，还需要根据弯曲直径 D 值的大小，共同确定钢筋的增加长度值。

a. 钢筋末端弯钩的形状见图 2-1。

b. 钢筋弯曲直径 D 的最小取值见表 2-1。

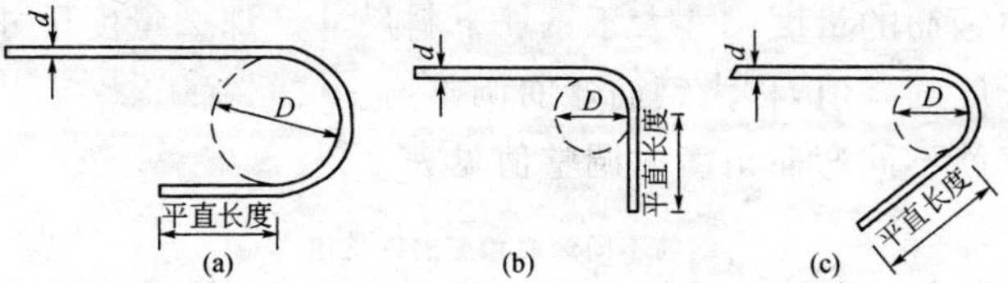

图 2-1　钢筋末端弯钩的形状

(a)180°弯钩(半圆弯钩)；(b)90°弯钩(直弯钩)；(c)135°弯钩(斜弯钩)

表 2-1　弯曲直径的最小取值规定

钢筋级别	Ⅰ级	Ⅱ级	Ⅲ级
弯钩形式	180°	90°或 135°	90°或 135°
弯曲直径(D)	$\geqslant 2.5d$	$\geqslant 4d$	$\geqslant 5d$

②钢筋末端各种形式弯钩的增加长度计算公式。

a. 180°半圆弯钩计算公式：

$$l_z = 1.071D + 0.571d + L_p$$

b. 90°直弯钩计算公式：

$$l_z = 0.285D - 0.215d + L_p$$

c. 135°斜弯钩计算公式：

$$l_z = 0.678D + 0.178d + L_p$$

式中　l_z——弯钩增加长度值；

D——弯曲直径(按表 2-1 中取值)；

d——钢筋直径；

l_p——弯钩的平直部分长度(见图 2-1 中的标注)。

③钢筋弯曲调整值。钢筋弯曲时，外皮延伸，内皮收缩，中心尺寸不变，所以钢筋下料长度就是钢筋的中心线尺寸。由于钢筋弯曲处成弧线，而钢筋成型后测量尺寸都是指钢筋外包或内包尺寸(见图 2-2)，因此，造

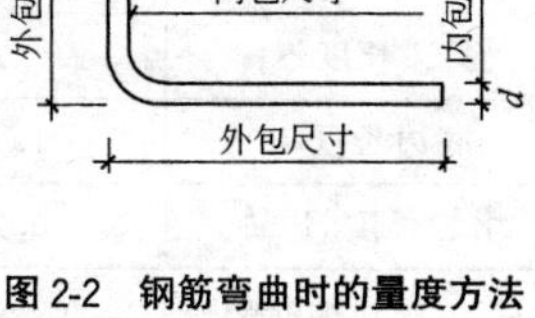

图 2-2　钢筋弯曲时的量度方法

成弯曲钢筋的量度尺寸大于钢筋下料尺寸。那么量度尺寸减去下料长度的差值，称为钢筋弯曲调整值。

钢筋不同弯曲角度的调整值见表 2-2。

表 2-2　　钢筋不同弯曲角度的调整值

角度 / 量度差 / 直径 d/mm	30°	45°	60°	90°	135°
	0.35d	0.50d	0.85d	2.00d	2.50d
6	—	—	—	12	15
8	—	—	—	16	20
10	3.5	5	8.5	20	25
12	4	6	10	24	30
14	5	7	12	28	30
16	5.5	8	13.5	32	35
18	6.5	9	15.5	36	45
20	7	10	17	40	50
22	8	11	19	44	55
25	9	12.5	21.5	50	62.5
28	10	14	24	56	70
32	11	16	27	64	80
36	12.5	18	30.5	72	90

注：表中 d 为钢筋直径。

④弯起钢筋的斜段长度可根据钢筋不同的弯起角度（见图 2-3）查表 2-3 得弯起钢筋的斜边系数；计算该斜段长度时，乘以该斜边系数即可。

表 2-3　　弯起钢筋斜长计算系数表

弯起角度 α	30°	45°	60°
斜边长度 S	$2h_0$	$1.41h_0$	$1.15h_0$
底边长度 l	$1.732h_0$	h_0	$0.575h_0$
增加长度 $S-l$	$0.268h_0$	$0.41h_0$	$0.58h_0$

注：h_0 为弯起钢筋的弯起净高。详见图 2-3。

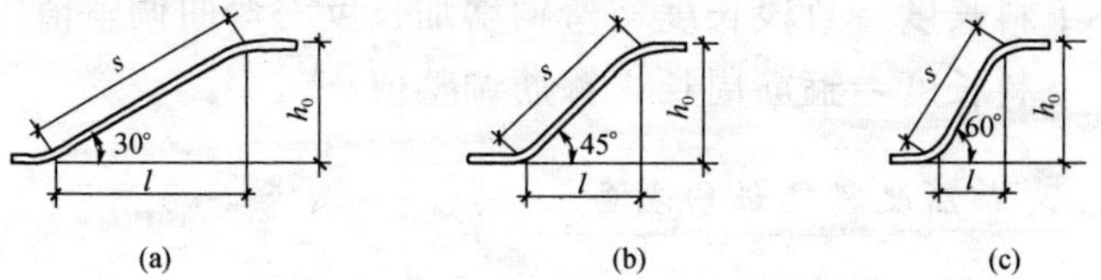

图 2-3　弯起钢筋斜段长度计算简图

(a)弯起角度 30°;(b)弯起角度 45°;(c)弯起角度 60°

⑤箍筋调整值是指钢筋弯曲增加长度与钢筋弯曲调整值两项合并而成,并根据箍筋量度的外包尺寸或内包尺寸来确定。箍筋调整值见表 2-4。

表 2-4　箍筋调整值

箍筋量度方法	箍筋直径/mm			
	4～5	6	8	10～12
量外包尺寸	40	50	60	70
量内包尺寸	80	100	200	150～170

⑥钢筋下料长度的要求在保证钢筋满足以上四种规定值和混凝土保护层厚度的前提下,还要求钢筋的下料长度必须与结构构件图中钢筋长度相等。

(2)钢筋下料长度的确定。

各种形状的钢筋下料长度由下列公式求得。

①直钢筋下料长度计算公式。

下料长度＝构件长度－保护层厚度＋端部弯钩增加长度

②弯起钢筋下料长度计算公式。

下料长度＝直段长度＋斜段长度＋端部弯钩增加长度－弯曲调整值

③箍筋下料长度计算公式。

下料长度＝直段长度＋弯钩增加长度－弯曲调整值

或　下料长度＝箍筋周长＋箍筋调整值

2. 钢筋配料凭证的制备

钢筋下料长度的确定是钢筋配料中的一项重要工作，但配料凭证的制备也是钢筋配料中不可缺少的内容之一。配料凭证的制备包括配料单和料牌两个项目，要求在钢筋下料长度确定之后编制和制作。

(1)钢筋配料单的编制。钢筋配料单的内容包括工程及构件名称、钢筋编号、钢筋简图及尺寸、钢筋规格、下料长度、钢筋根数等。其编制方法是以表格的形式，将钢筋下料长度由配料人员按要求计算正确后填写。切不可采用设计人在材料表上标注的下料长度尺寸。

(2)钢筋料牌的制作。采用木板或纤维板制成料牌，将每一类编号钢筋的工程及构件名称、钢筋编号、数量、规格、钢筋简图及下料长度等内容分别注写于料牌的两面，以便随着工艺流程的传送，最后系在加工好的钢筋上，作为钢筋安装工作中区别各工程项目、各类构件和各种不同钢筋的标志。

3. 钢筋配料注意事项

(1)在设计图纸中，钢筋配置的细节未注明时，一般可按构造要求处理。

(2)钢筋配料计算时，除钢筋的形状和尺寸满足图纸要求外，还应考虑有利于钢筋的加工运输和安装。

(3)在满足要求的前提下，尽可能利用库存规格材料、短料等，以节约钢材。在使用搭接焊和绑扎接头时，下料长度计算应考虑搭接长度。

(4)配料时，除图纸注明钢筋类型外，还要考虑施工需要的附加钢筋，如基础底板的双层钢筋网中，为保证上层钢筋网位置用的钢筋撑脚，墙板双层钢筋网中固定钢筋间距用的撑铁，梁中双排纵向受力钢筋为保持其间距用的垫铁等。

【例 2-1】某建筑物一层共 10 根 L_1 梁，见图 2-4。绘制 L_1 梁钢筋配料单。

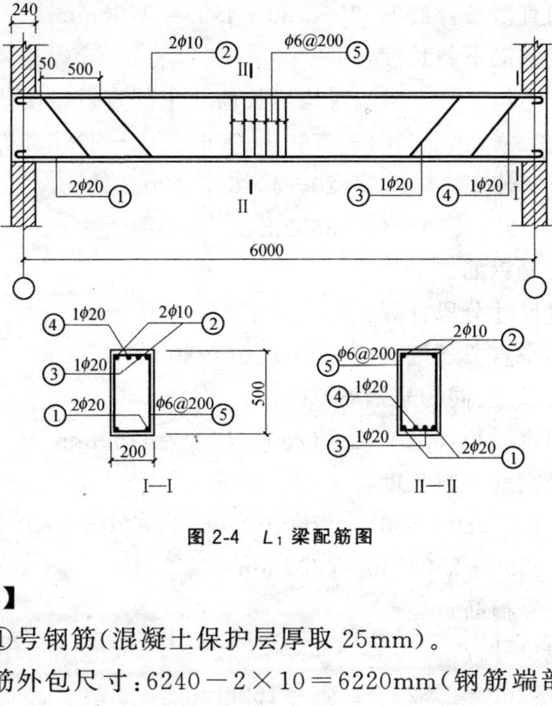

图 2-4　L_1 梁配筋图

【解】

a. ①号钢筋(混凝土保护层厚取 25mm)。

钢筋外包尺寸：6240－2×10＝6220mm(钢筋端部混凝土保护层取 10mm)

下料长度：$L=6220+2\times6.25d_0=6220+2\times6.25\times20=6470$mm

b. ②号钢筋。

外包尺寸同①号钢筋 6220mm。

下料长度：$L=6220+2\times6.25\times10=6345$mm

c. ③号钢筋。

外包尺寸分段计算。

端部平直段长：$240+50+500-10=780$mm

斜段长：$(500-2\times25)\times1.414=636$mm

中间直段长：$6220-2\times(780+450)=3760$mm

③号钢筋下料长度：

L ＝外包尺寸＋两端弯钩增长值－中部弯折量度值

$=2\times(780+636)+3760+2\times6.25d_0-4\times0.5d_0$

$=6592+2\times6.25\times20-4\times0.5\times20$

$=6592+250-40=6802$mm

d. ④号钢筋。

外包尺寸分段计算：

端部平直段长度：$240+50-10=280$mm

斜段长度：同③号钢筋 636mm

中间直段长：$6220-2\times(280+450)=4760$mm

④号钢筋下料长度：

$L=2\times(280+636)+4760+2\times6.25\times20-4\times0.5\times20$

$=6592+250-40=6802$mm

e. ⑤号箍筋。

外包尺寸。

宽度：$200-2\times25+2\times6=162$mm

高度：$500-2\times25+2\times6=462$mm

弯钩增长值：50mm

⑤号钢筋两个弯钩的增长值：$2\times50=100$mm

⑤号箍筋下料长度：

$L=2\times(162+462)+100-36=1310\text{mm}$

f. 绘制钢筋配料单,见表 2-5。

表 2-5 钢筋配料单

项次	构件名称	钢筋编号	钢筋简图	直径/mm	钢号	下料长度/mm	单位根数	合计根数	质量/kg
1	L_1 梁共 10 根	①	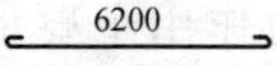 6200	20	HRB300	6470	2	20	319.62
2		②	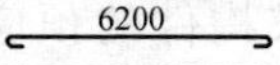 6200	10	HRB300	6345	2	20	78.30
3		③	 780 636 3760	20	HRB300	6802	1	10	168.01
4		④	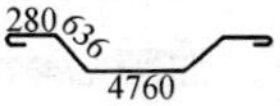 280 636 4760	20	HRB300	6802	1	10	168.01
5		⑤	 462 162	6	HRB300	1310	32	320	92.92

合计Φ 6:92kg;Φ 10:77.93kg;Φ 20:750.62kg

$$⑤\text{号箍筋根数}\ n=\frac{\text{构件长度}-\text{两端保护层厚}}{\text{箍筋间距}}+1$$

$$=\frac{6240-2\times10}{200}+1=32.1\quad \text{取}\ n=32\ \text{根}$$

二、钢筋加工

钢筋可在钢筋车间加工,然后运至现场绑扎或安装。目前,我国在施工现场加工钢筋的情况也很普遍。其加工过程一般有调直、切断、除锈、弯曲成型等。下面分述几种常用的钢筋加工方式。

1. 钢筋除锈

在自然环境中,钢筋表面接触到水和空气,就会在表面结成一层氧化铁,这就是铁锈。生锈的钢筋不能与混凝土很好粘结,从而影响钢筋与混凝土共同受力工作。若锈皮不清除干净，还会继续发展，致使混凝土受到破坏而造成钢筋混凝土结构构件承载力降低，最终混凝土结构耐久性能下降，导致结构构件完全破坏。因此钢筋的防锈和除锈是钢筋工非常重要的一项工作。

在预应力混凝土构件中，对预应力钢筋的防锈和除锈要求更为严格。因为在预应力构件中，受力作用主要依靠预应力钢筋与混凝土之间的粘结能力，因此要求构件的预应力钢筋或钢丝表面的油污、锈迹全部清除干净，凡带有氧化锈皮或蜂窝状锈迹的钢丝一律不得使用。

因此，在使用前钢筋的表面应洁净。油渍、漆污和用锤敲击时能剥落的浮皮、铁锈等应清除干净。在焊接前，焊点处的水锈应清除干净。《混凝土结构工程施工质量验收规范》(GB 50204—2015)规定："钢筋应平直、无损伤，表面不得有裂纹、油污、颗粒状或片状老锈。"

除锈工作应在调直后、弯曲前进行。钢筋除锈的方法有多种，常用的有人工除锈、钢筋除锈机除锈和酸法除锈。如钢筋经过冷拉或经调直，则可在冷拉或调直过程中完成除锈工作；如未经冷拉的钢筋或冷拉、调直后保管不善而锈蚀的钢筋，可采用电动除锈机除锈，还可采用喷砂除锈、酸洗除锈或手工除锈(用钢丝刷、砂盘)。

(1)人工除锈。

人工除锈的常用方法一般是用钢丝刷、砂盘、麻袋布等轻擦或将钢筋在砂堆上来回拉动除锈。砂盘除锈示意图见图2-5。

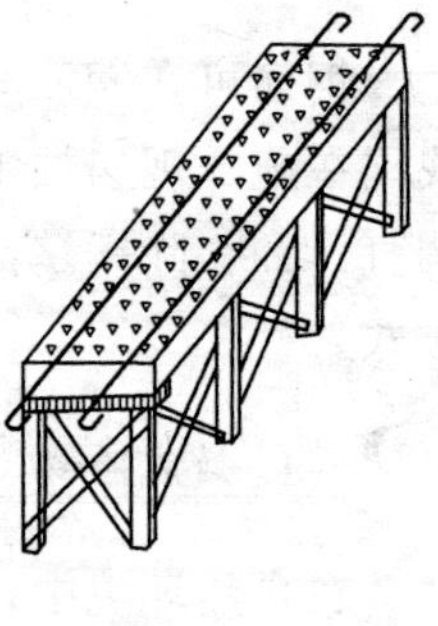

图 2-5　砂盘除锈示意图

(2)机械除锈。

机械除锈有钢筋除锈机除锈和喷砂

法除锈。

钢筋除锈机除锈操作如下：对直径较细的盘条钢筋，通过冷拉和调直过程自动去锈；粗钢筋采用圆盘钢丝刷除锈机除锈。

钢筋除锈机有固定式和移动式两种，一般由钢筋加工单位自制，是由动力带动圆盘钢丝刷高速旋转，来清刷钢筋上的铁锈。

固定式钢筋除锈机一般安装一个圆盘钢丝刷，见图 2-6。为提高效率，也可将两台除锈机组合，见图 2-7。

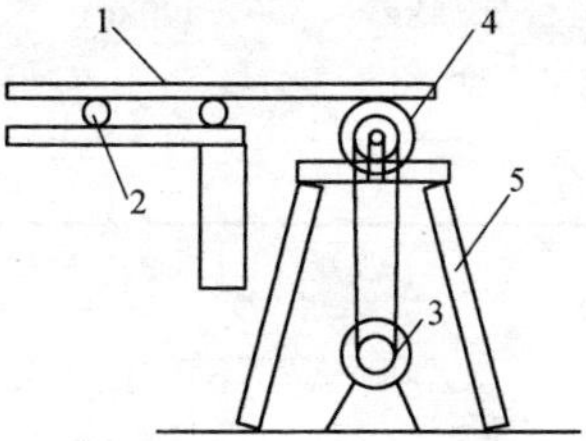

图 2-6　固定式钢筋除锈机

1—钢筋；2—擁道；3—电动机；4—钢丝刷；5—机架

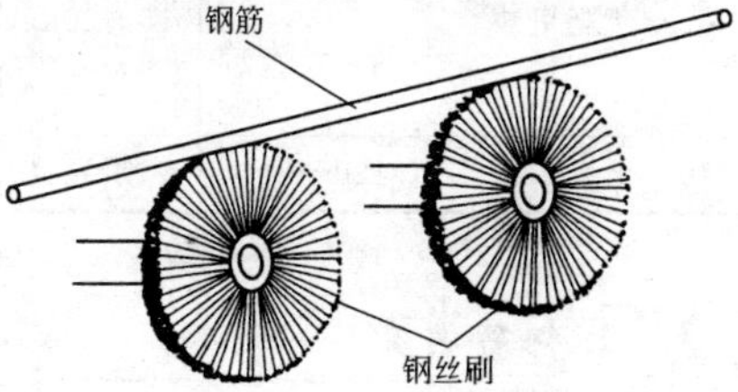

图 2-7　组合后的除锈机

喷砂法除锈操作如下：主要是用空气压缩机、储砂罐、喷砂管、喷头等设备，利用空气压缩机产生的强大气流形成高压砂流除锈，适用于大量除锈工作，除锈效果好。

(3)酸洗法除锈。

当钢筋需要进行冷拔加工时，用酸洗法除锈。酸洗除锈是将盘圆钢筋放入硫酸或盐酸溶液中，经化学反应除铁锈；但在酸洗除锈前，通常先进行机械除锈，这样可以缩短 50％酸洗时间，节约 80％以上的酸液。酸洗除锈流程和技术参数见表 2-6。

在除锈过程中发现钢筋表面的氧化铁皮鳞落现象严重并损伤钢筋截面，或在除锈后钢筋表面有严重的麻坑、斑点伤蚀截面时，应降级使用或剔除不用。

表 2-6　　酸洗除锈流程和技术参数

工序名称	时间/min	设备及技术参数
机械除锈	5	倒盘机，Φ6 台班产量约 5～6t
酸洗	20	1. 硫酸液浓度：循环酸洗法 15%左右； 2. 酸洗温度：50～70℃用蒸气加热
清洗及除锈	30	压力水冲洗 3～5min，清水淋洗 20～25min
沾石灰肥皂浆	5	1. 石灰肥皂浆配制：石灰水 100kg，动物油 15～20kg，肥皂粉 3～4kg，水 350～400kg； 2. 石灰肥皂浆温度，用蒸气加热
干燥	120～240	阳光自然干燥

2. 钢筋调直

弯曲不直的钢筋在混凝土中不能与混凝土共同工作而导致混凝土出现裂缝，以至于产生不应有的破坏。如果用未经调直的钢筋来断料，断料钢筋的长度不可能准确，从而会影响到钢筋成型、绑扎安装等一系列工序的准确性。因此钢筋调直是钢筋加工和不可缺少的工序。

钢筋调直有手工调直和机械调直。细钢筋可采用调直机调直，粗钢筋可以采用捶直或扳直的方法。钢筋的调直还可采用冷拉方法，其冷拉率 HRB300 级钢筋不大于 4%，HRB335 级、HRB400 级和 RRB400 级钢筋的冷拉率不宜大于 1%；一般拉至钢筋表面氧化皮开始脱落为止。

(1)手工调直。

直径在 10mm 以下的盘条钢筋在施工现场一般采用手工调直。对于冷拔低碳钢丝，可通过导轮牵引调直，这种方法示意见图 2-8，如牵引过轮的钢丝还存在局部慢弯，可用小锤敲打平直；

也可以使用蛇形管（图 2-9）调直，将蛇形管固定在支架上，需要调直的钢丝穿过蛇形管，用人力向前牵引，即可将钢丝基本调直，局部慢弯处可用小锤加以平直。

图 2-9 为蛇形管调直架。盘条钢筋可采用绞盘拉直，示意见图 2-10。对于直条粗钢筋一般弯曲较缓，可就势用手扳子扳直。

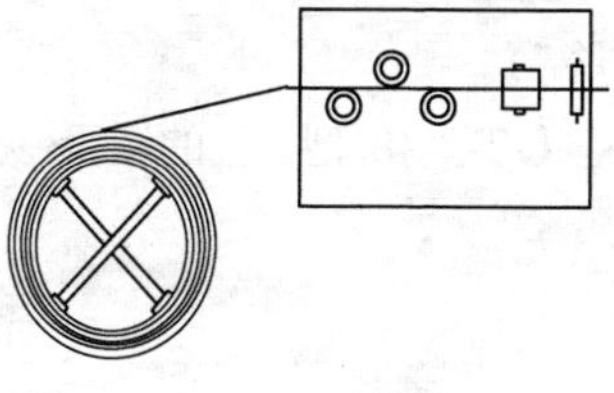

图 2-8　导轮牵引调直

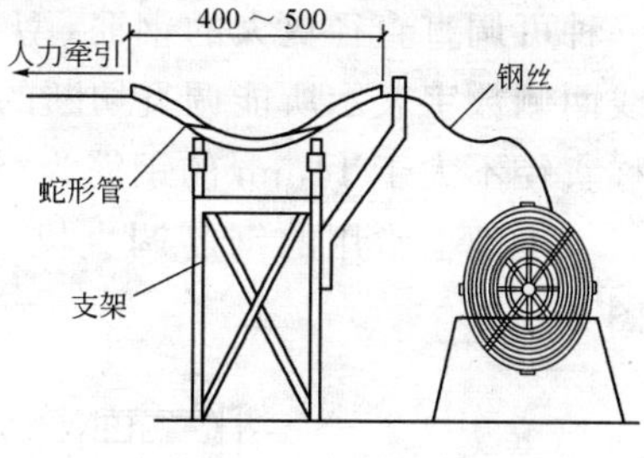

图 2-9　蛇形管调直架

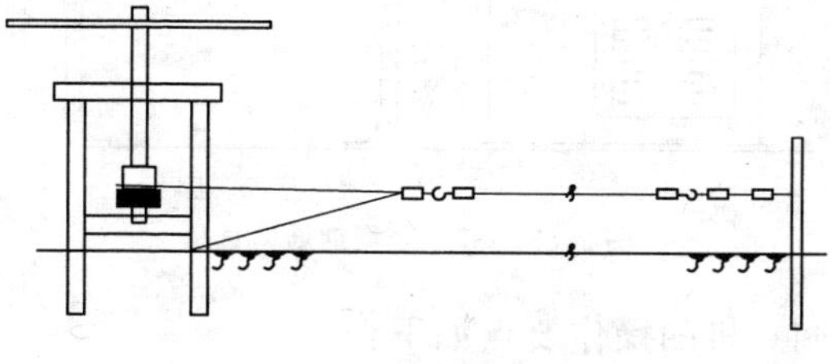

图 2-10　绞盘拉直装置示意图

（2）机械调直。

机械调直是通过钢筋调直机实现的。钢筋调直机一般也有切断钢筋的功能，因此通称钢筋调直切断机。这类设备适用于处理冷拔低碳钢丝和直径不大于 14mm 的细钢筋。粗钢筋也可以应用机械平直。由于没有国家定型设备，故对于工作量很大的单位，可自制平直机械，一般制成机械锤形式，用平直锤锤压弯折部位。粗钢筋也可以利用卷扬机结合冷拉工序进行平直。

弯折钢筋不得调直后作为受力钢筋使用，因此粗钢筋应注意在运输、加工、安装过程中的保护，弯折后经调直的粗钢筋只能作为非受力钢筋使用。

细钢筋用的钢筋调直机有多种型号，按所能调直切断的钢筋直径区分，常用的有三种：GT 1.6/4、GT3/8、GT 6/12。另有一种可调直直径更大的钢筋，型号为 GT 10/16（型号标志中斜线两侧数字表示所能调直切断的钢筋直径大小的上下限。一般称直径不大于 14mm 的钢筋为"细钢筋"）。

工地上常用的钢筋调直机一般是 GT 3/8 型，它的外形见图 2-11。

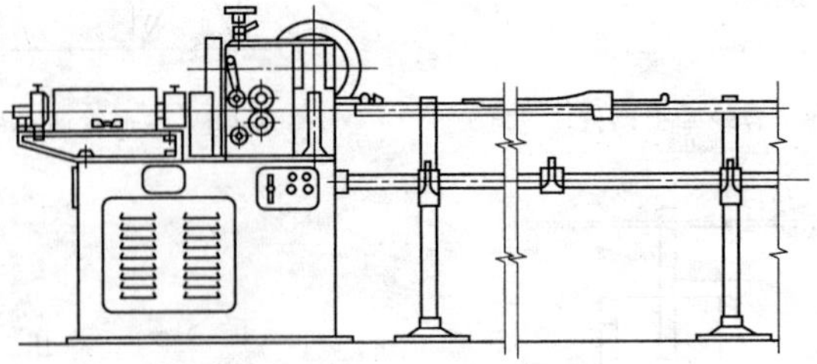

图 2-11　GT 3/8 型钢筋调直机

钢筋调直机的操作要点如下：

①检查。每天工作前要先检查电气系统及其元件有无毛病，各种连接零件是否牢固可靠，各传动部分是否灵活，确认正常后方可进行试运转。

②试运转。首先从空载开始确认运转可靠之后才可以进料、试验调直和切断。首先要将盘条的端头捶打平直，然后再将它从导向套推进机器内。

③试断筋。为保证断料长度合适，应在机器开动后试断三四根钢筋检查，以便出现偏差能得到及时纠正（调整限位开关或

定尺板）。

④安全要求。盘圆钢筋放入放圈架上要平稳，如有乱丝或钢筋脱架时，必须停车处理。操作人员不能离机械过远，以防发生故障时不能立即停车造成事故。

⑤安装承料架。承料架槽中心线应对准导向套、调直筒和剪切孔槽中心线，并保持平直。

⑥安装切刀。安装滑动刀台上的固定切刀，保证其位置正确。

⑦安装导向管。在导向套前部，安装 1 根长度约为 1m 的导向钢管，需调直的钢筋应先穿入该钢管，然后穿过导向套和调直筒，以防止每盘钢筋接近调直完毕时其端头弹出伤人。

3. 钢筋的切断

钢筋经调直、除锈完成后，即可按下料长度进行切断。钢筋应按下料长度下料，力求准确，允许偏差应符合有关规定。钢筋下料切断可用钢筋切断机（直径 40mm 以下的钢筋）及手动液压切断器（直径 16mm 以下的钢筋）。钢筋切断前，应有计划，根据工地的材料情况确定下料方案，确保钢筋的品种、规格、尺寸、外形符合设计要求。切断时，将同规格钢筋根据不同长度长短搭配、统筹排料；一般应先断长料，后断短料，减少短头，长料长用，短料短用，使下脚料的长度最短。切剩的短料可作为电焊接头的帮条或其他辅助短钢筋使用，力求减少钢筋的损耗。

(1)切断前的准备工作。

为获得最佳的经济效果，钢筋切断前应做好以下准备工作。

复核：根据钢筋配料单，复核料牌上所标注的钢筋直径、尺寸、根数是否正确。

下料方案：根据工地的库存钢筋情况做好下料方案，长短搭配，尽量减少损耗。

量度准确：避免使用短尺量长料，防止产生累计误差。

试切钢筋：调试好切断设备，试切 1～2 根，尺寸无误后再成批加工。

(2)切断方法。

钢筋切断方法分为人工切断与机械切断。

①手工切断操作。切断钢丝可用断线钳。形状见图 2-12。

切断直径为 16mm 以下的 HRB300 钢筋可用图 2-13 的手压切断器。这种切断器一般可自制，由固定刀口、活动刀口、边夹板、把柄、底座等组成。

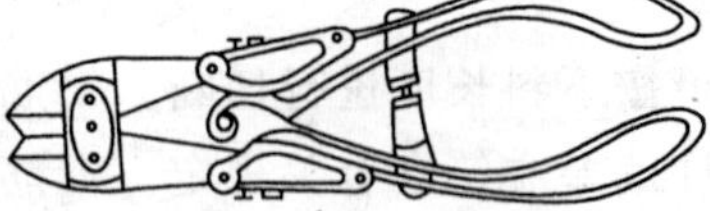

图 2-12　断线钳

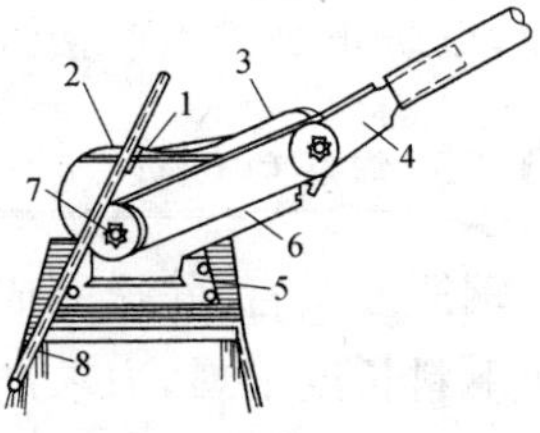

图 2-13　手压切断器

1—固定刀口；2—活动刀口；
3—边夹板；4—把柄；5—底座；
6—固定板；7—轴；8—钢筋

切断直径不超过 16mm 的钢筋，可以用 SYJ-16 型手动液压切断器(图 2-14)。

一般工地上也常用称为“克子”的切断器，见图 2-15，使用克子切断器时，将下克插在铁砧的孔里，钢筋放在下克槽内，上克边紧贴下克边，用锤打击上克使钢筋切断。

②机械切断操作。常用的钢筋切断机械有 GQ 40，其他还有 GQ 12、GQ20、GQ 35、GQ 25、GQ 32、GQ 50、GQ 65 型，型号的数字表示可切断钢筋的最大公称直径。

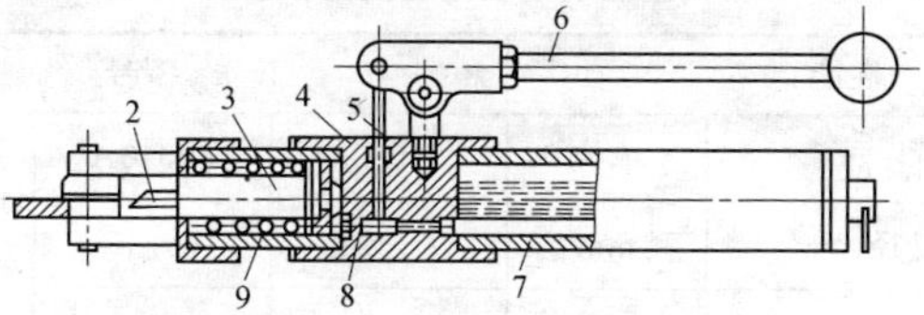

图 2-14　SYJ-16 型手动液压切断器

1—滑轨；2—刀片；3—活塞；4—缺体；5—柱塞；6—压杆；7—贮油筒；8—吸油阀；9—回位弹簧

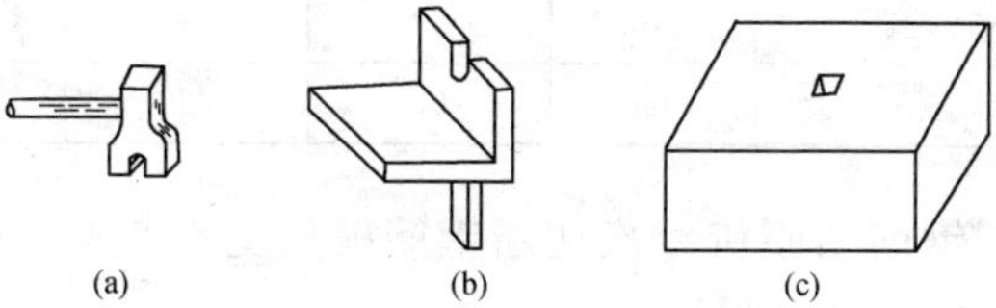

图 2-15　克子切断器

(a)上克；(b)下克；(c)铁砧

(3)钢筋切断机操作的注意事项。

①检查。使用前应检查刀片安装是否牢固，润滑油是否充足，并应在开机空转正常以后再进行操作。

②切断。钢筋应调直以后再切断，钢筋与刀口应垂直。

③安全。断料时应握紧钢筋，待活动刀片后退时及时将钢筋送进刀口，不要在活动刀片已开始向前推进时，向刀口送料，以免断料不准，甚至发生机械及人身事故；长度在 30cm 以内的短料，不能直接用手送料切断；禁止切断超过切断机技术性能规定的钢材以及超过刀片硬度或烧红的钢筋；切断钢筋后，刀口处的屑渣不能直接用手清除或用嘴吹，而应用毛刷刷干净。

表 2-7 列出常用钢筋切断机的主要技术性能。

表 2-7　　常用钢筋切断机的主要技术性能

性能			型号		
名称		单位	GQ40	GQ40A	GQ40L
可切断钢筋直径		mm	6～40	6～40	6～40
切断次数		次/min	40	40	38
电动机功率		kW	3	3	3
外形尺寸	长	mm	1150	1395	685
	宽	mm	430	556	575
	高	mm	750	780	984
整机重量		kg	60	720	650

GQ 40 钢筋切断机每次切断钢筋根数见表 2-8。

表 2-8　　GQ 40 每次切断钢筋根数

钢筋直径/mm	5.5～8	9～12	13～16	18～20	20 以上
可切断根数	12～8	6～4	3	2	1

4. 钢筋弯曲成型

弯曲成型是将已切断、配好的钢筋按照施工图纸的要求加工成规定的形状尺寸。

弯曲分为人工弯曲和机械弯曲两种。钢筋弯曲成型一般采用钢筋弯曲机、四头弯曲机（主要用于弯制钢箍）及钢筋弯箍机。在缺乏机具设备的条件下，也可采用手摇扳手弯制钢筋，用卡盘与扳手弯制粗钢筋。钢筋弯曲前应先画线，形状复杂的钢筋应根据钢筋外包尺寸，扣除弯曲调整值（从相邻两段长度中各扣一半），以保证弯曲成型后外包尺寸准确。

钢筋弯曲成型后允许偏差应符合《混凝土结构工程施工质

量验收规范》(GB 50204—2015)的规定。

钢筋弯曲成型的顺序是:准备工作→画线→样件→弯曲成型。

(1)准备工作。

钢筋弯曲成什么样的形状,各部分的尺寸是多少,主要依据钢筋配料单(表 2-9),这是最基本的操作依据。

表 2-9　×××钢筋配料单

编号	式样	规格	下料长度/mm	根数	总下料长/m	质量/kg
1		Φ18	2980	4	11.92	23.8
2	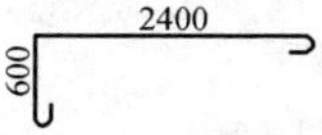	Φ16	3170	5	15.85	25.0
3	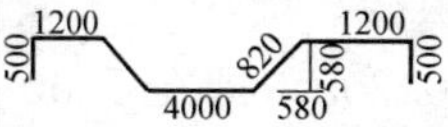	Φ20	8940	3	26.82	66.2

料牌可用木板或纤维板制成,将每一编号钢筋的有关资料(工程名称、图号、钢筋编号、根数、规格、式样以及下料长度等)写注于料牌的两面,以便随着工艺流程一道工序、一道工序地传送,最后将加工好的钢筋系上料牌。

(2)画线。

钢筋弯曲前,对性状复杂的钢筋(如弯起钢筋),根据钢筋料牌上标明的尺寸,在各弯曲点位置画线。在弯曲成型之前,除应熟悉待加工钢筋的规格、形状和各部尺寸,确定弯曲操作步骤及准备工具等之外,还需将钢筋的各段长度尺寸画在钢筋上。精确画线的方法是,大批量加工时,应根据钢筋的弯曲类型、弯曲角度、弯曲半径、扳距等因素,分别计算各段尺寸,再根据各段尺寸分段画线。这种画线方法比较烦琐。现场小批量的钢筋加工,常采用简便的画线方法:即在画钢筋的分段尺寸时,将不同角度的弯折量度差在弯曲操作方向相反的一侧长度内扣除，画上分段尺寸线，这条线称为弯曲点线。根据弯曲点线并按规定方向弯曲后得到的成型钢筋，基本与设计图要求的尺寸相符。

现以梁中一根直径为 18mm 的弯起钢筋为例，说明弯曲点线的画线方法，见图 2-16。

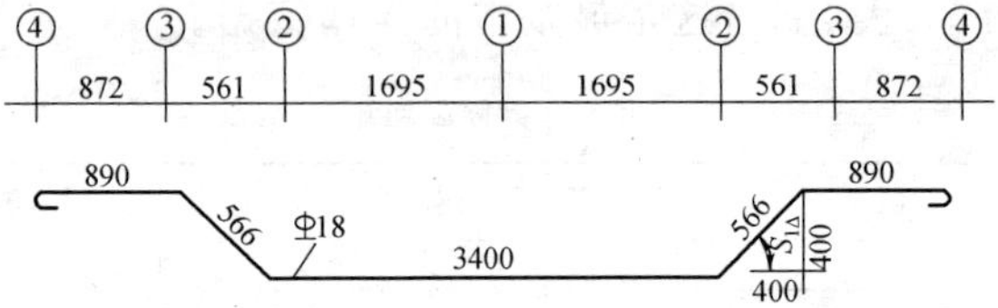

图 2-16　弯起钢筋计算例图

第一步，在钢筋的中心线上画第一道线；

第二步，取中段(3400)的 1/2 减去 $0.25d_0$，即在 1700－4.5≈1695mm 处画第二道线；

第三步，取斜段(566)减去 $0.25d_0$，即在 566－4.52≈561mm 处画第三道线；

第四步，取直段(890)减去 d_0，即在 890－18＝872mm 处画第四道线。

以上各线段即钢筋的弯曲点线，第一根钢筋成型后应与设计尺寸校对一遍，完全符合后在成批生产。弯曲角度须在工作台上放出大样。需说明的一点是，画线时所减去的值应根据钢筋直径和弯折角度具体确定，此处所取值仅为便于说明。

弯制形状比较简单或同一形状根数较多的钢筋，可以不画线，而在工作台上按各段尺寸要求，固定若干标志，按标准操作。此法工效较高。

(3)样件。

弯曲钢筋画线后，即可试弯 1 根，以检查画线的结果是否符合设计要求。如不符合,应对弯曲顺序、画线、弯曲标志、扳距等进行调整,待调整合格后方可成批弯制。

(4)手工弯曲成型。

①手工弯曲成型操作主要工具和设备。

a.工作台。钢筋弯曲应在工作台上进行。工作台的宽度通常为800mm,视钢筋种类而定。弯细钢筋时一般为400mm,弯粗钢筋时可为800mm,台高一般为900～1000mm。

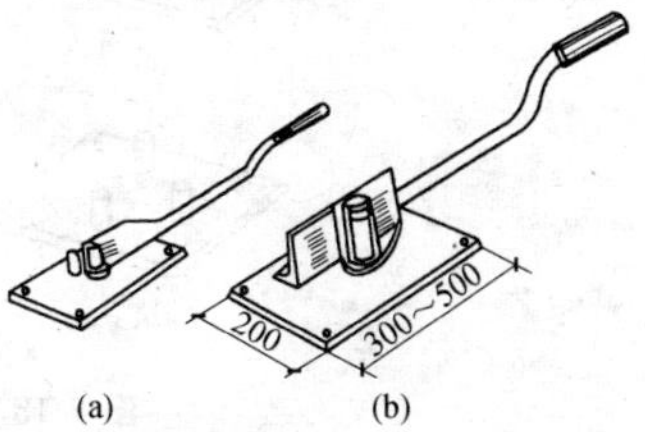

图2-17　手摇扳

(a)弯制单根钢筋;

(b)弯制多根钢筋

b.手摇扳。手摇扳的外形见图2-17。它由钢板底盘、扳柱、扳手组成,用来弯制直径在12mm以下的钢筋,操作前应将底盘固定在工作台上,其底盘表面应与工作台面平直。

图2-17(a)是弯制单根钢筋的手摇扳,图2-17(b)是可以同时弯制多根钢筋的手摇扳。

c.卡盘。卡盘用来弯制粗钢筋,它由钢板底盘和扳柱组成。扳柱焊在底盘上,底盘需固定在工作台上。图2-18(a)为四扳柱的卡盘,扳柱水平净距约为100mm,垂直方向净距约为34mm,可弯曲直径为32mm钢筋。图2-18(b)为三扳柱的卡盘,扳柱的两斜边净距为100mm左右,底边净距约为80mm。这种卡盘不需配钢套,扳柱的直径视所弯钢筋的粗细而定。一般直径为20～25mm的钢筋,可用厚12mm的钢板制作卡盘底板。

d.钢筋扳子。钢筋扳子是弯制钢筋的工具,它主要与卡盘配合使用,分为横口扳子和顺口扳子两种[图2-18(c)、(d)]。横口扳子又有平头和弯头之分,弯头横口扳子仅在绑扎钢筋时作为纠正钢筋位置用。

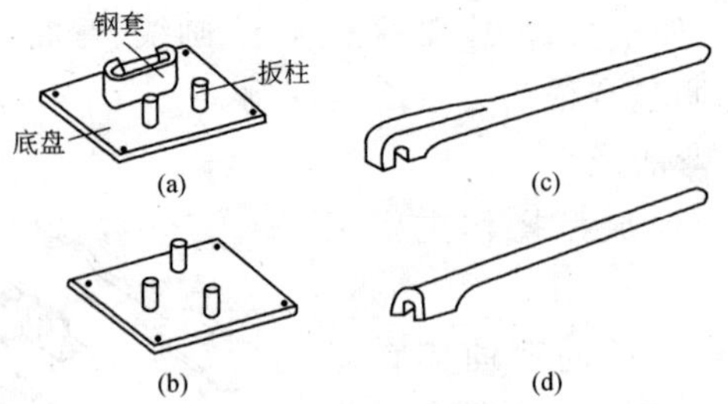

图 2-18　卡盘与钢筋扳子

(a)四扳柱的卡盘；(b)三扳柱的卡盘；(c)横口扳子；(d)顺口扳子

钢筋扳子的扳口尺寸比弯制的钢筋直径大 2mm 较为合适。弯曲钢筋时，应配有各种规格的扳子。

②手工弯曲成型步骤。为了保证钢筋弯曲形状正确，弯曲弧准确，操作时扳子部分不碰扳柱，扳子与扳柱间应保持一定距离。一般扳子与扳柱之间的距离，可参考表 2-10 所列的数值来确定。

表 2-10　扳子与扳柱之间的距离

弯曲角度	45°	90°	135°	180°
扳距	$(1.5\sim2)d_0$	$(2.5\sim3)d_0$	$(3\sim3.5)d_0$	$(3.5\sim4)d_0$

扳距、弯曲点线和扳柱的关系见图 2-19。弯曲点线在扳柱钢筋上的位置为：弯 90°以内的角度时，弯曲点线可与扳柱外缘持平；当弯 135°～180°时，弯曲点线距扳柱边缘的距离约为 d_0。

③不同钢筋的弯曲方法。

a. 箍筋的弯曲成型。箍筋弯曲成型步骤分为五步，见图 2-20。在操作前，首先要在手摇扳的左侧工作台上标出图 2-20 箍筋弯曲成型步骤钢筋 1/2 长、箍筋长边内侧长和短边内侧长（也可以标长边外侧长和短边外侧长）三个标志。

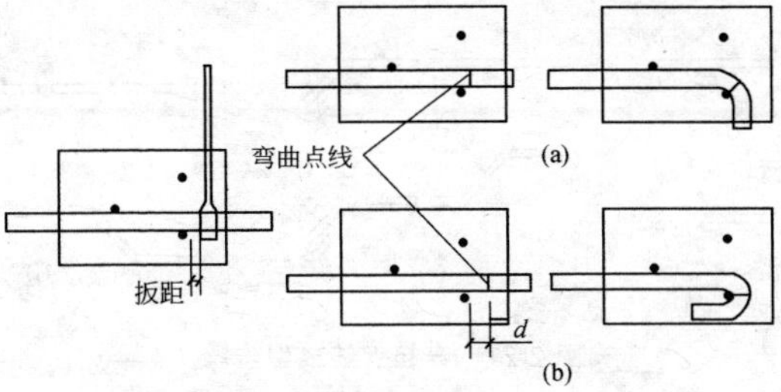

图 2-19　扳距、弯曲点线和扳柱的关系

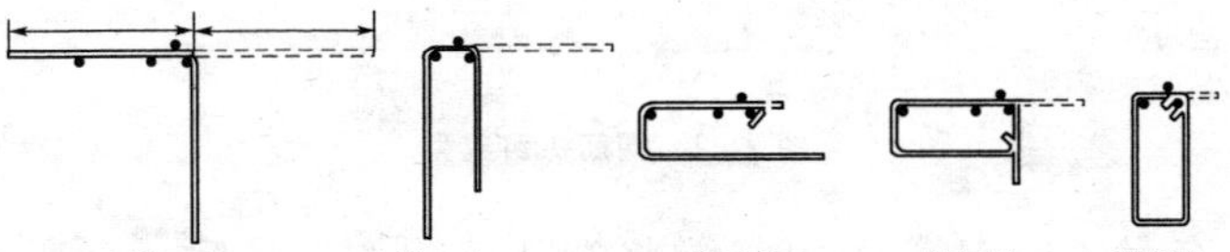

图 2-20　箍筋弯曲成型步骤

第一步，在钢筋 1/2 长处弯折 90°；第二步，弯折短边 90°；第三步，弯长边 135°弯钩；第四步，弯短边 90°弯折；第五步，弯短边 135°弯钩。

因为第三、五步的弯钩角度大，所以要比第二、四步操作时靠标志略松些，预留一些长度，以免箍筋不方正。

b. 弯起钢筋的弯曲成型。弯起钢筋成型步骤见图 2-21。一般弯起钢筋长度较大，故通常在工作台两端设置卡盘，分别在工作台两端同时完成成型工序。

当钢筋的弯曲形状比较复杂时，可预先放出实样，再用扒钉钉在工作台上，以控制各个弯转角，见图 2-22。首先在钢筋中段弯曲处钉两个扒钉，弯第一对 45°弯；第二步在钢筋上段弯曲处钉两个扒钉，弯第二对 45°弯；第三步在钢筋弯钩处钉两个扒钉；弯两对弯钩；最后起出扒钉。这种成型方法，形状较准确，平面平整。

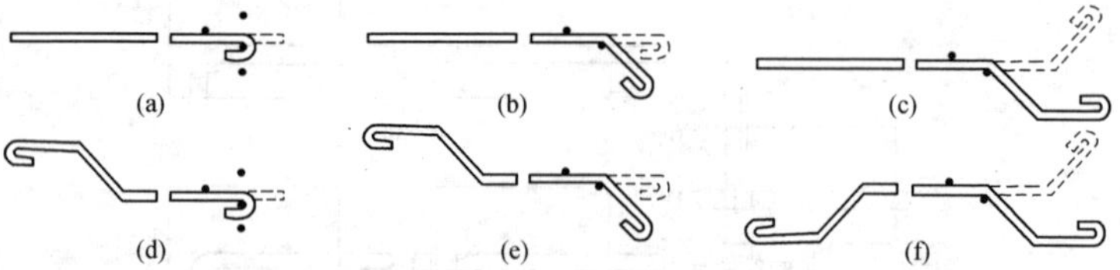

图 2-21 弯起钢筋成型步骤

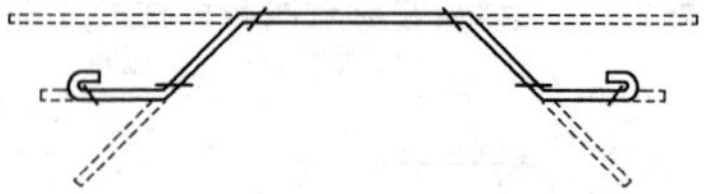

图 2-22 钢筋扒钉成型

各种不同钢筋弯折时，常将端部弯钩作为最后一个弯折程序，这样可以将配料弯折过程中的误差留在弯钩内，不致影响钢筋的整体质量。

④手工弯曲操作要点。

a. 弯制钢筋时，扳子一定要托平，不能上下摆，以免弯出的钢筋产生翘曲。

b. 操作电动机注意放正弯曲点，搭好扳手，注意扳距，以保证弯制后的钢筋形状、尺寸准确。起弯时用力要慢，防止扳手脱落。结束时要平稳，掌握好弯曲位置，防止弯过头或弯不到位。

c. 不允许在高空或脚手扳上弯制粗钢筋，避免因弯制钢筋脱扳而造成坠落事故。

d. 在弯曲配筋密集的构件钢筋时，要严格控制钢筋各段尺寸及起弯角度，每种编号钢筋应试弯一个，安装合适后再成批生产。

(5)机械弯曲成型。

①常用的钢筋弯曲机可弯曲钢筋最大公称直径为 40mm，用 GW 40 表示型号；其他还有 GW 12、GW 20、GW 25、GW 32、GW

50、GW 65 等，型号的数字标志可弯曲钢筋的最大公称直径。

各种钢筋弯曲机可弯曲钢筋直径是按抗拉强度为 450N/mm² 的钢筋取值的。对于级别较高、直径较大的钢筋，如果用 GW 40 型钢筋弯曲机不能胜任，则可采用 GW 50 型来弯曲。

最普遍使用的 GW 40 型钢筋弯曲机的上视图见图 2-23。

更换传动轮，可使工作盘得到三种转速。弯曲直径较大的钢筋必须使转速放慢，以免损坏设备。在不同转速的情况下，一次最多能弯曲的钢筋根数根据其直径的大小应按弯曲机的说明书执行。弯曲机的操作过程见图 2-24。

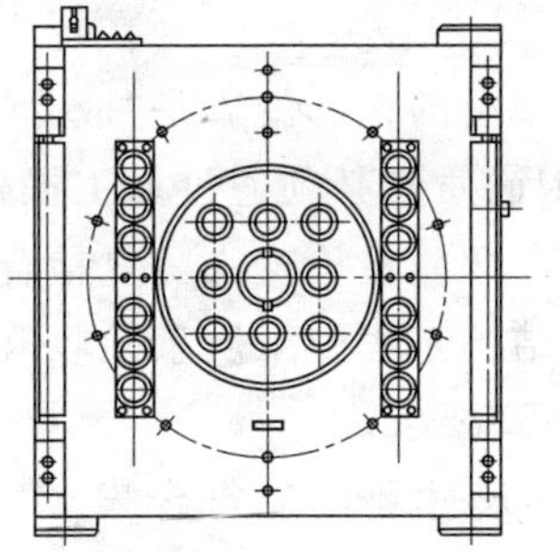

图 2-23　GW40 型钢筋弯曲机上视图

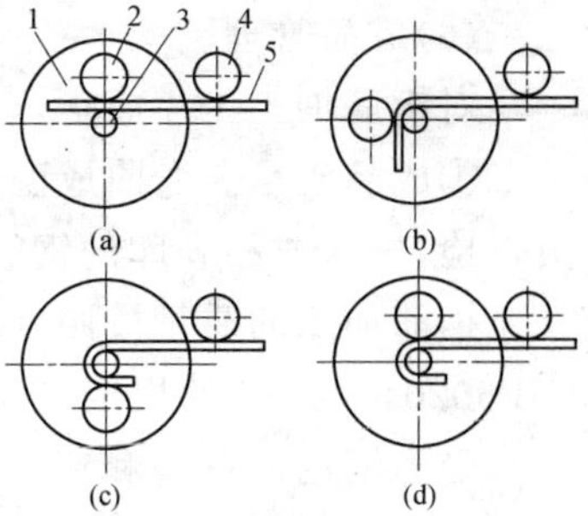

图 2-24　钢筋弯曲机的操作过程

1—工作盘；2—成型轴；3—心轴；4—挡铁轴；5—钢筋

②钢筋弯曲机操作要点如下：

a. 对操作人员进行岗前培训和岗位教育，严格执行操作规程。

b. 操作前要对机械各部件进行全面检查以及试运转，并查点齿轮、轴套等设备是否齐全。

c. 要熟悉倒顺开关的使用方法以及所控制的工作盘旋转方向，使钢筋的放置与成型轴、挡铁轴的位置相应配合。

d. 使用钢筋弯曲机时，应先做试弯以摸索规律。

e. 钢筋在弯曲机上进行弯曲时，其形成的圆弧弯曲直径是借助于心轴直径实现的，因此要根据钢筋粗细和所要求的圆弧弯曲直径大小随时更换轴套。

为了适应钢筋直径和心轴直径的变化，应在成型轴上加一个偏心套，以调节心轴、钢筋和成型轴三者之间的间隙。

f. 严禁在机械运转过程中更换心轴、成型轴、挡铁轴，或进行清扫、注油。

g. 弯曲较长的钢筋应有专人帮助扶持，帮助人员应听从指挥，不得任意推送。

(6)成品管理。

对钢筋加工工序而言，弯曲成型后的钢筋就算是“成品”。

①成品质量。弯曲成型后的钢筋质量必须通过加工操作人员自检，进入成品仓库的钢筋要由专职质量检查人员复检合格。

钢筋加工的质量按照《混凝土结构工程施工质量验收规范》GB 50204—2015 的规定，应符合下列要求。

受力钢筋的弯钩和弯折形状和尺寸要求应符合表 2-11 的规定。

表 2-11　钢筋弯钩、弯折形状和尺寸要求

钢筋类型	牌号或部位	形状	弯弧内直径	弯钩平直部分长度(L_p)
受力钢筋	HRB300	180°弯钩	≥2.5d	≥3d
	HRB335，HRB400	135°弯钩	≥4d	按设计要求
		≤90°弯钩	≥5d	—
箍筋	一般结构	≥90°弯钩	≥2.5d_0，≥d	≥5d_0
	抗震结构	135°弯钩	≥2.5d_0，≥d	≥10d_0

注：表中 d 为受力钢筋直径，d_0 为箍筋直径。

钢筋加工允许偏差应符合表 2-12 规定。

表 2-12　钢筋加工允许偏差

项目	允许偏差/mm
受力钢筋顺长度方向全长的净尺寸	±10
弯起钢筋的弯折位置	±20
箍筋内净尺寸	±5

②管理要点。弯曲成型的钢筋必须轻抬轻放，避免产生变形；经过验收检查合格后，成品应按编号拴上料牌，并应特别注意钢筋的料牌不能遗漏。

清点某一编号钢筋成品无误后，在指定的堆放地点，要按编号分隔整齐堆入，并标识所属工程名称。

钢筋成品应堆放在库房里，库房应防雨防水，地面保持干燥，并做好支垫。与安装班组联系好，按工程名称、部位及钢筋编号、需用顺序堆放，防止先用的被压在下面及使用时因翻垛而造成钢筋变形。

三、钢筋的焊接

1. 钢筋焊接的一般规定

(1)各种焊接方法的适用范围。

钢筋焊接时，各种焊接方法的适用范围应符合《钢筋焊接及验收规程》JGJ 18—2012(以下简称规程)中的规定，见表 2-13。

表 2-13　　钢筋焊接方法的适用范围

焊接方法			接头型式	适用范围	
				钢筋牌号	钢筋直径/mm
电阻点焊			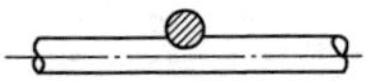	HRB300	6～16
				HRB335 HRBF335	6～16
				HRB400 HRBF400	6～16
				HRB500 HRBF500	6～16
				CRB550	4～12
				CDW550	3～8
闪光对焊			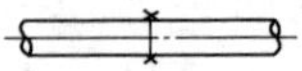	HRB300	8～22
				HRB335 HRBF335	8～40
				HRB400 HRBF400	8～40
				HRB500 HRBF500	8～40
				RRB400W	8～32
箍筋闪光对焊			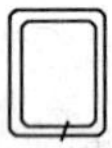	HRB300	6～18
				HRB335 HRBF335	6～18
				HRB400 HRBF400	6～18
				HRB500 HRBF500	6～18
				RRB400W	8～18
电弧焊	帮条焊	双面焊	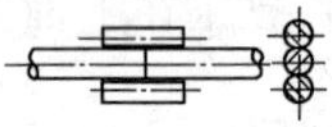	HRB300	10～22
				HRB335 HRBF335	10～40
				HRB400 HRBF400	10～40
				HRB500 HRBF500	10～32
				RRB400W	10～25
		单面焊	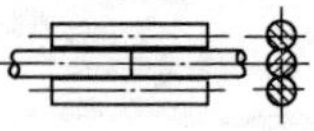	HRB300	10～22
				HRB335 HRBF335	10～40
				HRB400 HRBF400	10～40
				HRB500 HRBF500	10～32
				RRB400W	10～25
	搭接焊	双面焊	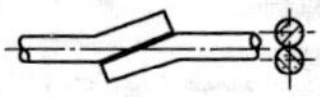	HRB300	10～22
				HRB335 HRBF335	10～40
				HRB400 HRBF400	10～40
				HRB500 HRBF500	10～32
				RRB400W	10～25
		单面焊		HRB300	10～22
				HRB335 HRBF335	10～40
				HRB400 HRBF400	10～40
				HRB500 HRBF500	10～32
				RRB400W	10～25

续表

焊接方法			接头型式	适用范围	
				钢筋牌号	钢筋直径/mm
电弧焊	熔槽帮条焊			HRB300 HRB335 HRBF335 HRB400 HRBF400 HRB500 HRBF500 RRB400W	20～22 20～40 20～40 20～32 20～25
电弧焊	坡口焊	平焊		HRB300 HRB335 HRBF335 HRB400 HRBF400 HRB500 HRBF500 RRB400W	18～22 18～40 18～40 18～32 18～25
电弧焊	坡口焊	立焊		HRB300 HRB335 HRBF335 HRB400 HRBF400 HRB500 HRBF500 RRB400W	18～22 18～40 18～40 18～32 18～25
电弧焊	钢筋与钢板搭接焊		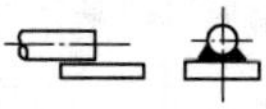	HRB300 HRB335 HRBF335 HRB400 HRBF400 HRB500 HRBF500 RRB400W	8～22 8～40 8～40 8～32 8～25
电弧焊	窄间隙焊			HRB300 HRB335 HRBF335 HRB400 HRBF400 HRB500 HRBF500 RRB400W	16～22 16～40 16～40 18～32 18～25
电弧焊	预埋件电弧焊	角焊	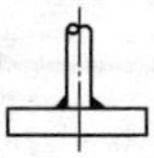	HRB300 HRB335 HRBF335 HRB400 HRBF400 HRB500 HRBF500 RRB400W	6～22 6～40 6～40 10～22 10～20
电弧焊	预埋件电弧焊	穿孔塞焊	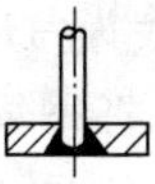	HRB300 HRB335 HRBF335 HRB400 HRBF400 HRB500 HRBF500 RRB400W	20～22 20～32 20～32 20～28 20～28

续表

焊接方法			接头型式	适用范围	
				钢筋牌号	钢筋直径/mm
电弧焊	预埋件钢筋	埋弧压力焊	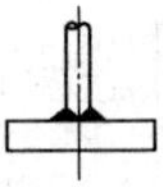	HRB300 HRB335 HRBF335 HRB400 HRBF400	6～22 6～28 6～28
		埋弧螺柱焊			
电渣压力焊				HRB3000 HRB335 HRB400 HRB500	12～22 12～32 12～32 12～32
气压焊	固态			HRB300 HRB335 HRB400 HRB500	12～22 12～40 12～40 12～32
	熔态		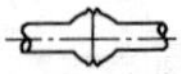		

注：1. 电阻点焊时，适用范围的钢筋直径指两根不同直径钢筋交叉叠接中较小钢筋的直径；

2. 电弧焊含焊条电弧焊和二氧化碳气体保护电弧焊两种工艺方法；

3. 在生产中，对于有较高要求的抗震结构用钢筋，在牌号后加 E，焊接工艺可按同级别热轧钢筋施焊；焊条应采用低氢型碱性焊条。

(2)电渣压力焊的适用范围。

电渣压力焊适用于柱、墙、构筑物等现浇混凝土结构中竖向受力钢筋的连接；不得在竖向焊接后横置于梁、板等构件中作水平钢筋用。

电渣压力焊从开始试验研究、生产应用到现在已有 40 年了，实践证明它是一项具有明显技术经济效益的焊接方法。但是由于工艺特点，且未进行大量的接头弯曲试验研究，也只适用于竖向钢筋的连接。有的施工单位将钢筋竖向焊接，然后放置于梁、板构件中作水平钢筋之用，显然是不合适的。因此，规程明确规定，电渣压力焊连接的钢筋不得用于梁、板等构件中作水平钢筋之用。

(3)焊接工艺试验。

在工程开工正式焊接之前，参与该项施焊的焊工，应进行现场条件下的焊接工艺试验，并经试验合格后，方可正式生产。试验结果应符合质量检验与验收时的要求。

在工程开工或者每批钢筋正式焊接之前，无论采用何种焊接工艺方法，均须采用与生产相同条件进行焊接工艺试验，以便了解钢筋焊接性能，选择最佳焊接参数，以及掌握担负生产的焊工的技术水平。每种牌号、每种规格钢筋至少做1组试件。若第1次未通过，应改进工艺，调整参数，直至合格为止。采用的焊接工艺参数应做好记录，以备查考。

接头试件力学性能试验(拉伸、弯曲、剪切等)结果应符合质量检验与验收时的要求。

(4)焊前准备。

钢筋焊接施工之前，应清除钢筋、钢板焊接部位以及钢筋与电极接触处表面上的锈斑、油污、杂物等；钢筋端部当有弯折、扭曲时，应予以矫直或切除。

焊前准备工作的好坏直接影响焊接质量，为了防止焊接接头产生夹渣、气孔等缺陷，在焊接区域内，钢筋表面铁锈、油污、熔渣等必须清除；影响接头成形的钢筋端部弯折、劈裂等，应予矫正或切除。

(5)纵肋对纵肋。

带肋钢筋进行对接连接时，包括进行闪光对焊、电弧焊、电渣压力焊和气压焊时，宜将纵肋对纵肋安放和焊接，以获得足够的有效连接面积；这是总结生产经验而规定的。

(6)焊条烘焙。

焊条按药皮熔化后的熔渣特性来分，有酸性焊条和碱性焊条两大类。

当采用低氢型碱性焊条时，应按使用说明书的要求烘焙，且宜放入保温筒内保温使用；酸性焊条若在运输或存放中受潮，使用前亦应烘焙后方能使用。

(7)焊剂烘焙。

焊剂应存放在干燥的库房内，当受潮时，在使用前应经 250～300℃烘焙 2h，以防止产生气孔。使用中回收的焊剂应清除熔渣和杂物，并应与新焊剂混合均匀后使用。

(8)应对雨、雪、风的影响。

①雨天、雪天不宜在现场进行施焊；必须施焊时，应采取有效遮蔽措施。焊后未冷却接头不得碰到冰雪。

②焊后未冷却接头若碰到冰雪，易产生淬硬组织，应该防止。

③风速 7.9m/s 为四级风力；5.4m/s 为三级风力。

④在现场进行闪光对焊或电弧焊时，当风速超过 7.9m/s 时，应采取挡风措施。进行气压焊时，当风速超过 5.4m/s 时，应采取挡风措施。

⑤风速不仅决定于自然气候，并且与所处高度有关。离地面愈近，建筑物对风的摩阻力愈大，风速愈小；反之，离地面愈高，风速愈大，这种变化见表 2-14。

风级的划分见表 2-15。

表 2-14　风速与高度的关系

高度/m	0.5	1	2	16	32	100
风速/(m/s)	2.4	2.8	3.3	4.7	5.5	8.2

表 2-15　风级

风级	风名	相当风速/(m/s)	地面上物体的象征
0	无风	0～0.2	炊烟直上，树叶不动
1	软风	0.3～1.5	风信不动，烟能表示风向
2	轻风	1.6～3.3	脸感觉有微风，树叶微响，风信开始转动
3	微风	3.4～5.4	树叶及微枝摇动不息，旌旗飘展
4	和风	5.5～7.9	地面尘土及纸片飞扬，树的小枝摇动
5	清风	8.0～10.7	小枝摇动，水面起波
6	强风	10.8～13.8	小树枝摇动，电线呼呼作响，举伞困难
7	疾风	13.9～17.1	大树摇动，迎风步行感到阻力
8	大风	17.2～20.7	可折断树枝，迎风步行感到阻力很大
9	烈风	20.8～24.4	屋瓦吹落，稍有破坏
10	狂风	24.5～28.4	树木连根拔起或摧毁建筑物，陆上少见
11	暴风	28.5～32.6	有严重破坏力，陆上很少见
12	飓风	32.6以上	摧毁力极大，陆上很少见

(9)电源电压。

进行电阻点焊、闪光对焊、电渣压力焊、埋弧压力焊时，应随时观察电源电压的波动情况，当电源电压下降大于5%、小于8%时，应采取提高焊接变压器级数的措施；当大于或等于8%时，不得进行焊接。

实践证明，在进行电阻点焊、闪光对焊、电渣压力焊或埋弧压力焊时，电源电压的波动对焊接质量有较大的影响。在现场施工时，由于用电设备多，往往造成电压降较大。为此要求焊接电源的开关箱内，装设电压表，焊工可随时观察电压波动情况，及时调整焊接参数，以保证焊接质量。

2. 闪光对焊操作

（1）钢筋对焊工艺。

根据钢筋品种、直径和所用焊机功率不同，闪光对焊可分为连续闪光焊、预热闪光焊和闪光－预热－闪光焊等三种工艺。

①连续闪光焊。先闭合一次电路，使被焊的两根钢筋端面轻微接触，此时端面的间隙喷射出火花般熔化的金属微粒——闪光，接着徐徐移动钢筋使钢筋端面仍保持轻微接触，形成连续闪光。当端头加热到将近熔点时就以一定的压力进行顶锻，焊接接头即完成，表2-16为连续闪光焊钢筋的上限直径。

表 2-16　连续闪光焊钢筋上限直径

焊机容量/kV·A	钢筋牌号	钢筋直径/mm
160 (150)	HRB300 HRB335 HRBF335 HRB400 RRB400 HRBF400	22 22 20
100	HRB300 HRB335 HRBF335 HRB400 HRBF400	20 20 18
80 (75)	HRB300 HRB335 HRBF335 HRB400 HRBF400	16 14 12

②预热闪光焊。在连续闪光前增加一次预热过程，以扩大焊接热影响区。其工艺过程包括：预热、闪光和顶锻。施焊时先闭合电源，然后使钢筋端面交替地接触、分开，这时钢筋端面的间隙发出断续的闪光而形成预热，达到预热温度后，进行闪光阶段，随后顶锻而成。预热闪光焊适宜焊接直径大于25mm、端面

较平整的钢筋。

③闪光－预热－闪光焊。在预热闪光焊前加一次闪光过程。首先连续闪光，使钢筋端部闪平，然后过程同预热闪光焊。它适用于焊接直径较粗，且钢筋等级较高的钢筋。

(2)对焊参数确定。

这些参数包括调伸长度、烧化留量、闪光速度、顶锻留量、顶锻速度、顶锻压力、变压器级次及预热留量、预热频率等。

①调伸长度的选择，应随着钢筋牌号的提高和钢筋直径的加大而增长。主要是减缓接头的温度梯度，防止在热影响区产生淬硬组织。当焊接 HRB 400、HRB 500钢筋时，调伸长度宜在 40～60mm 内选用。

②烧化留量的选择，应根据焊接工艺方法确定。当连续闪光焊接时，烧化过程应较长。烧化留量应等于两根钢筋在断料时切断机刀口严重压伤部分（包括端面的不平整度），再加 8mm。

闪光－预热－闪光焊时，应区分一次烧化留量和二次烧化留量。一次烧化留量等于两根钢筋在断料时切断机刀口严重压伤部分，二次烧化留量不应小于 10mm。预热闪光焊时的烧化留量不应小于 10mm。

③需要预热时，宜采用电阻预热法。预热留量应为 1～2mm，预热次数应为 1～4 次；每次预热时间应为 1.5～2s，间歇时间应为 3～4s。

④顶锻留量应为 4～10mm，并应随钢筋直径的增大和钢筋牌号的提高而增加。其中，有电顶锻留量约占1/3，无电顶锻留量约占 2/3，焊接时必须控制得当。

焊接 HRB500 钢筋时，顶锻留量宜稍微增大，以确保焊接质量。

顶锻留量是一个重要的焊接参数。顶锻留量太大，会形成过大的镦粗头，容易产生应力集中；太小又可能使焊缝结合不良，降低了强度。经验证明，顶锻留量以 4～10mm 为宜。

(3)焊接缺陷及其消除措施。

焊接缺陷及其清除措施见表 2-17。

表 2-17　钢筋焊接异常现象、焊接缺陷及其消除措施

项次	异常现象和缺陷种类	消除措施
1	烧化过分剧烈并产生强烈的爆炸声	①降低变压器级数； ②减慢烧化速度
2	闪光不稳定	①清除电极底部和表面的氧化物； ②提高变压器级数； ③加快烧化速度
3	接头氧化膜、未焊透或夹渣	①增加预热程度； ②加快临近顶锻时的烧化速度； ③确保带电顶锻过程； ④加快顶锻速度； ⑤增大顶锻压力
4	接头中有缩孔	①降低变压器级数； ②避免烧化过程过分强烈； ③适当增大顶锻留量及顶锻压力
5	焊缝金属过烧或热影响区过热	①减小预热程度； ②加快烧化速度，缩短焊接时间； ③避免过多带电顶锻
6	接头区域裂纹	①检验钢筋的碳、硫、磷含量，如不符合规定时，应更换钢筋； ②采取低频预热方法，增加预热程度

续表

项次	异常现象和缺陷种类	消除措施
7	钢筋表面未熔及烧伤	①清除钢筋被夹紧部位的铁锈和油污； ②清除电极内表面的氧化物； ③改进电极槽口形状，增大接触面积； ④夹紧钢筋
8	接头弯折或轴线偏移	①正确调整电极位置； ②修整电极钳口或更换已变形的电极； ③切除或矫直钢筋的弯头

3. 电弧焊操作

钢筋电弧焊是以焊条与钢筋各为一极，利用焊接电流通过产生的电弧热，使焊条和电弧燃烧范围内焊件熔化的一种熔焊方法，见图2-25。

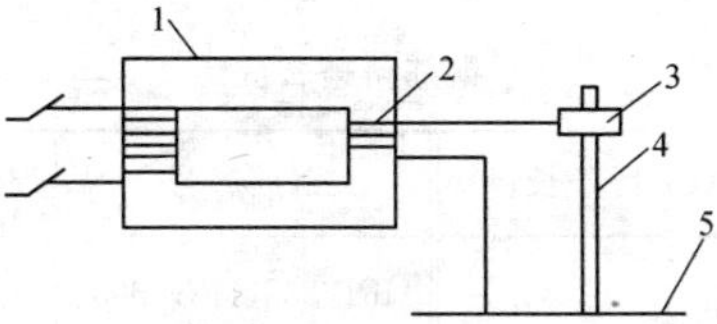

图2-25 钢筋电弧焊

1—焊接变压器；2—变压器二次绕组；3—焊钳；4—焊条；5—焊件

(1)电弧焊的分类。

电弧焊按接头形式又分为帮条焊、搭接焊、熔槽帮条焊、坡口焊、窄间隙焊等。现分述如下。

①帮条焊。帮条焊适用于HRB300、HRB335、HRB400级钢筋，分单面焊、双面焊两种，分别见图2-26。由于双面焊接头受力性能好于单面焊，所以在施工条件不受限制时，应尽量采用

双面焊。

焊缝尺寸见图 2-27。焊缝厚度 s 不应小于所接钢筋(主筋)直径的 0.3 倍,焊缝宽度不应小于主筋直径的 0.7 倍。

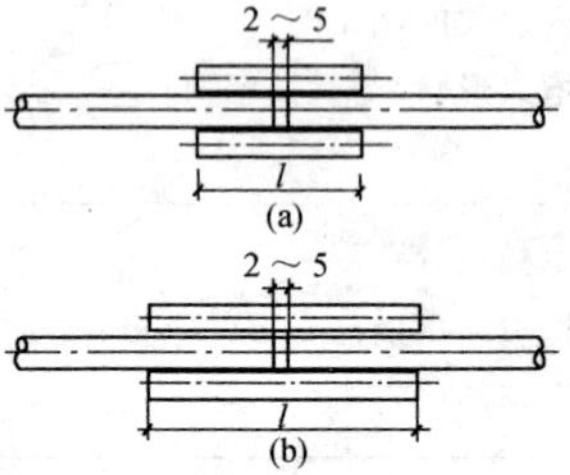

图 2-26 钢筋帮条焊

(a)双面焊;(b)单面焊

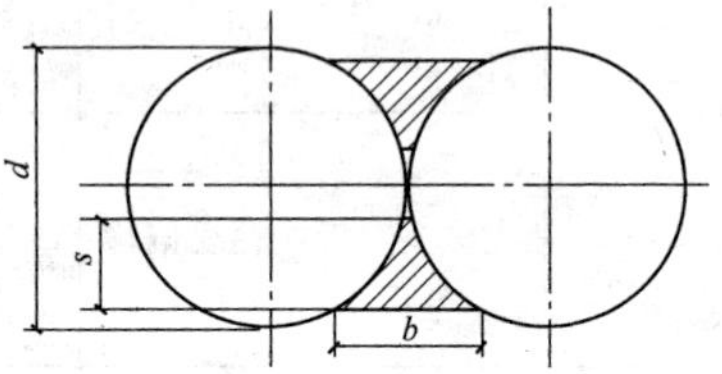

图 2-27 帮条焊尺寸

当帮条级别与主筋相同时,帮条的直径可比主筋直径小一个规格;当帮条直径与主筋相同时,帮条的级别可比主筋直径小一个级别。帮条长度见表 2-18。

表 2-18 钢筋帮条长度

钢筋牌号	焊缝形式	帮条长度 l	钢筋牌号	焊缝形式	帮条长度 l
HRB 300	单面焊	$\geqslant 8d$	HRB 335、HRB 335、HRBF 400、HRB500、HRBF500、RRB400W	单面焊	$\geqslant 10d$
	双面焊	$\geqslant 4d$		双面焊	$\geqslant 5d$

②搭接焊。搭接焊适用于 HRB300、HRB335、HRB400 级钢筋,搭接焊接头的钢筋需事先将端部进行弯折,使两段钢筋焊接后仍维持其轴线位于一条直线上。搭接焊分单面焊和双面焊两种见图 2-28。

③熔槽帮条焊。熔槽帮条焊宜用于直径不小于 20mm 的钢筋的现场安装焊接。焊接时应加角钢作板模,角钢边长宜为

40～60mm，长度宜为 80～100mm。

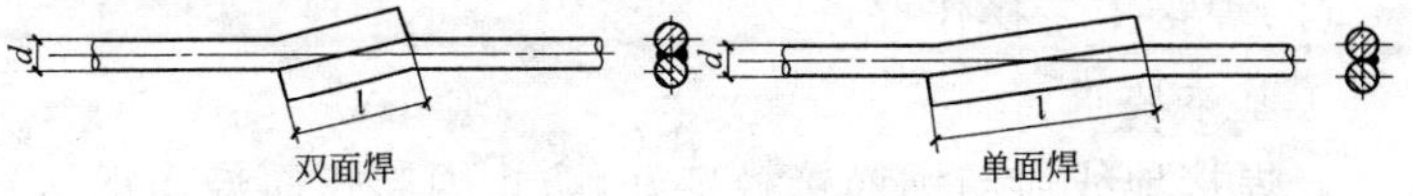

图 2-28　钢筋搭接焊

④坡口焊。坡口焊适用于装配式框架结构安装中的柱间节点或梁与柱的节点的焊接。接头型式见图 2-29。钢垫板厚度宜为 4～6mm，长度宜为 40～60mm。坡口平焊[图 2-29(a)]时，垫板宽度应为钢筋直径加 10mm，V 形坡口角度宜为 55°～65°；坡口立焊[图 2-29(b)]时，垫板宽度宜等于钢筋直径，坡口角度宜为 40°～55°(其中下钢筋宜为 5°～10°，上钢筋宜为 35°～45°)。

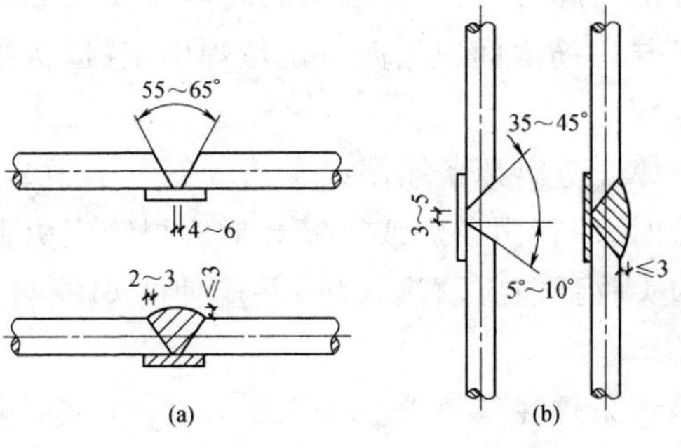

图 2-29　坡口焊接头型式

⑤窄间隙焊。钢筋窄间隙电弧焊是将钢筋安放成水平对接形式，并置于铜模内，中间留有少量间隙，用焊条从钢筋根部引弧，连续向上部焊接的一种电弧焊法。

窄间隙焊宜用于直径不小于 16mm 的钢筋的现场水平连接。用焊条对置于铜模内的钢筋进行连续焊接，熔化钢筋端面使熔敷金属填充间隙。

(2)焊接工艺操作要点。

①基本要求。

a. 焊接地线应与钢筋接触良好，防止因起弧而烧伤钢筋。

b. 应根据钢筋级别、直径、接头型式和焊接位置，选择适宜的焊条、焊接工艺和焊接参数。

c. 带有钢板或帮条的接头，引弧应在钢板或帮条上进行。

d. 无钢筋或无帮条的接头，引弧应在形成焊缝部位，防止烧伤主筋。

e. 焊接过程中焊缝表面应保持光滑平整。

f. 焊缝余高应平缓过渡，弧坑应填满。

②帮条焊或搭接焊注意事项。

a. 进行帮条焊时，两主筋端头之间应留 2～5mm 的间隙。

b. 帮条与主筋之间应用四点定位焊固定；进行搭接时，二主筋应用两点固定。

c. 定位焊缝应离帮条端部或主筋端部不小于 20mm。

d. 焊接时，应在帮条焊或搭接焊形成焊缝中引弧。

e. 在端头收弧前应填满弧坑，并应使主焊缝与定位焊缝的始端和终端熔合。

③熔槽帮条焊注意事项。

a. 钢筋端头应加工平整。

b. 两钢筋端面的间隙应为 10～16mm。

c. 从接缝处垫板引弧后应连续施焊，并应使钢筋端部熔合，防止未焊透、气孔或夹渣。

d. 焊接过程中应停焊清渣一次。

e. 焊平后，再进行焊缝余高的焊接，其高度不得大于 3mm。

f. 钢筋与角钢垫板之间应加焊侧面焊缝 1～3 层，焊缝应饱满，表面应平整。

④坡口焊注意事项。

a. 坡口面应平顺，切口边缘不得有裂纹、钝边和缺棱；钢筋根部间隙：坡口平焊时宜为 4～6mm；立焊时宜为 3～5mm；其最大间隙均不宜超过 10mm。

b. 焊缝根部、坡口端面以及钢筋与钢垫板之间均应熔合良好；焊接过程中应经常清渣；钢筋与钢垫板之间应加焊 2～3 层侧面焊缝。

c. 用几个接头轮流进行施焊。

d. 焊缝的宽度应大于 V 形坡口的边缘 2～3mm，焊缝余高不得大于 3mm，并宜平缓过渡至钢筋表面。

e. 当发现接头中有弧坑、气孔及咬边等缺陷时，应立即补焊。

⑤窄间隙焊注意事项。

a. 钢筋端面应平整。

b. 从焊缝根部引弧应连续进行焊接，左、右来回运弧在钢筋端面处电弧应少许停留，并使熔合。

c. 当焊至端面间隙的 4/5 高度后，焊缝应逐渐扩宽。

d. 当熔池过大时，应改连续焊为断续焊，避免过热。

e. 焊缝余高不得大于 3mm，且应平缓过渡至钢筋表面。

4. 电阻点焊操作

电阻点焊主要用于钢筋的交叉连接，如用来焊接钢筋网片、钢筋骨架等。它生产效率高，节约材料，应用比较广泛。点焊机主要由加压机构、焊接回路、电极组成，见图 2-30。

当钢筋交叉点焊时，接触点小，接触处的电阻很大，接触瞬间产生的巨大热量使金属熔化，在电极压力下使焊点的金属得到焊合。

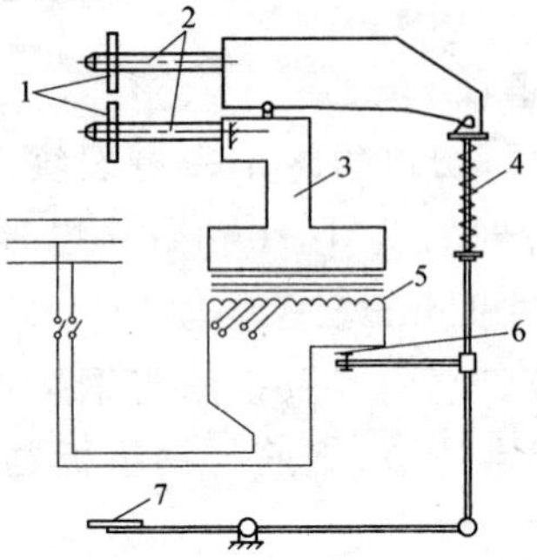

图 2-30　点焊机

1—电极；2—电极臂；3—变压器的二次绕组；
4—加压机构；5—变压器的一次绕组；6—断路器；7—踏板

(1)焊接操作要点。

①电阻点焊应根据钢筋级别、直径及焊机性能等具体情况选择必要的焊接参数。工人们应在操作过程中随时掌握规律、积累经验，以求焊接质量的不断提高。

②在焊接骨架或焊接网的电阻点中，两钢筋（钢丝）相互压入的深度 d（图 2-31）称为压入深度。

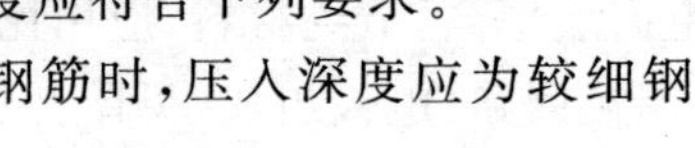

图 2-31　压入深度

焊点压入深度应符合下列要求。

a. 点焊热轧钢筋时，压入深度应为较细钢筋直径的25%～45%。

b. 点焊冷拔低碳钢丝、冷轧带肋钢筋时，压入深度应为较细钢筋（钢丝）直径的 25%～40%。

③点焊钢筋时电极的直径应根据较细钢筋的直径选用，并应符合表2-19的规定。

表2-19　电极直径选用表

较细钢筋的直径/mm	3～10	12～14
电极直径/mm	30	40

电极端部除应经常保持清洁和平整之外，当发现电极使用产生变形时，应及时修整。

(2)操作注意事项。

①钢筋必须无锈，经常保持电极与钢筋之间接触表面良好。

②焊机接通后，应检查电气设备、操作机构、冷却系统、气路系统以及机体外壳有无漏电现象。

③焊接骨架和焊接网片的焊点应符合设计要求。

④设计未规定时，钢筋的每个交叉点都应焊牢。

(3)质量通病及预防措施(表2-20)。

表2-20

缺陷	产生原因	措施
焊点过烧	①变压器级数过高； ②通电时间过长； ③上下电极不对中心； ④继电器接触失灵	①降低变压器级数； ②缩短通电时间； ③切断电源，校正电极； ④清理触点，调节间隙
焊点脱离	①电流过小； ②压力不够； ③压入深度不足； ④通电时间太短	①提高变压器级数； ②加大弹簧压力或调大气压； ③调整两电极间距离符合压入深度要求； ④延长通电时间

续表

缺陷	产生原因	措施
钢筋表面烧伤	①钢筋与电极接触表面太脏； ②焊接时没有顶压过程或顶压力过小 ③电流过大； ④电极变形	⑤清刷电极和钢筋表面的铁秀和油污； ②保证顶压过程和适当的顶压力； ③降低变压器级数； ④修理或更换电极

5. 电渣压力焊操作

电渣压力焊是利用电流通过渣池产生的电阻热将钢筋端部熔化，然后施加压力使钢筋焊合。

电渣压力焊容易掌握，且工效高、成本低、工作条件好。

(1)焊接工艺。

电渣压力焊工艺包括引弧、电弧、电渣和顶压过程，分手动和自动。

①手动电渣压力焊。采用直接引弧法，先将上下钢筋接触，通电后，将上钢筋提升 2～4mm 引弧；然后继续缓缓提升几毫米使电弧稳定燃烧；之后，随钢筋的熔化，上钢筋逐渐插入渣池中，此时电弧熄灭，转入电渣过程。电流通过电渣池产生大量电阻热，使钢筋端部继续熔化，待熔化到一定程度，切断电源，同时迅速进行顶压。完成后应持续几秒方可松开操作杆，以免接头偏斜。

②自动电渣压力焊。宜采用铁丝圈引弧法，铁丝圈高约 10～12mm。焊接的引弧、电弧、电渣与顶压过程由凸轮自动控制。

(2)焊接参数。

电渣压力焊的参数主要包括渣池电压、焊接电流和通电时间等，见表 2-21。

(3)焊接缺陷及其消除措施。

钢筋电渣压力焊接接头缺陷及其消除措施见表2-22。

表2-21　电渣压力焊焊接参数

钢筋直径/mm	焊接电流/A	焊接电压/V		焊接通电时间/s	
		电弧过程 $u2.1$	电渣过程 $u2.2$	电弧过程 t_1	电渣过程 t_2
12	280～320	35～45	18～22	12	2
14	300～350			13	4
16	300～350			15	5
18	300～350			16	6
20	300～350			18	7
22	350～400			20	8
25	350～450			22	9
28	400～450			25	10
32	450～500			30	11

表2-22　钢筋电渣压力焊接缺陷及其消除措施

项次	焊接缺陷	消除措施
1	偏心	①把钢筋端矫直； ②上钢筋安放正直； ③顶压用力适当； ④及时修理夹具
2	弯折	①把钢筋端部矫直； ②钢筋安放正直； ③适当延迟松开机(夹)具的时间
3	咬边	①适当调小焊接电流； ②适当缩短焊接通电时间； ③及时停机； ④适当加大顶压量

续表

项次	焊接缺陷	消除措施
4	未熔合	①提高钢筋下送速度； ②延迟断电时间； ③检查夹具，使上钢筋均匀下送； ④适当增大焊接电流
5	焊包不匀	①钢筋端部切平； ②铁丝圈放置正中； ③适当加大熔化量
6	气孔	①按规定烘烤焊剂； ②把铁锈清除干净
7	烧伤	①钢筋端部彻底除锈； ②把钢筋夹紧
8	焊包下流	塞好石棉布

6. 气压焊操作

(1)气压焊接工艺。

焊前对钢筋端部进行处理，钢筋下料时要用砂轮锯，端面用磨光机打磨见新，倒角，端面要平且与钢筋轴线垂直，清除端面附近铁锈、油污、水泥浆等杂物。

焊接工艺如下：

①预压：钢筋卡好后，使端面密贴，间隙不超过 3mm。

②加热：端面间隙完全闭合前用强碳化焰加热，使钢筋内外温度均匀，防止钢筋端面氧化。待端面闭合后，改中性焰加热，目的是提高温度，加快加热速度。

③压接：当钢筋加热到所需温度时，对钢筋再次加压，接缝处膨鼓至其直径的 1.4～1.6 倍。膨鼓要平稳过渡，不能有明显

的凸起和塌陷。

(2)焊接参数。

①加热温度宜在熔点下 100～200℃；对于低碳钢，加热温度可取1300～1350℃。

②只要接头不过烧、表面不熔化、火焰稳定，就可采用大功率火焰焊接。氧气的工作压力不大于 0.7MPa，乙炔工作压力为 0.05～0.1MPa；焊缝闭合前用强碳化焰，闭合后用中性焰。

③只要加热温度适宜，对于钢筋单位挤压力宜取30MPa。

(3)焊接质量检验。

质量检验同闪光对焊，焊接缺陷及其消除措施见表2-23。

表 2-23　　气压焊接头焊接缺陷及其消除措施

项次	焊接缺陷	产生原因	消除措施
1	轴线偏移（偏心）	①焊接夹具变形，两夹头不同心，或夹具刚度不够； ②两钢筋安装不正； ③钢筋接合端面倾斜； ④钢筋未夹紧进行焊接	①检查夹具，及时修理或更换； ②重新安装夹紧； ③切平钢筋端面； ④夹紧钢筋再焊
2	弯折	①焊接夹具变形，两夹头不同心； ②焊接夹具拆卸过早	①检查夹具，及时修理或更换； ②熄火后半分钟再拆
3	镦粗直径不够	①焊接夹具动夹头有效行程不够； ②顶压油缸有效行程不够； ③加热温度不够； ④压力不够	①检查夹具和顶压油缸，必要时更换； ②采用适宜的加热温度及压力
4	镦粗长度不够	①加热幅度不够宽； ②顶压力过大过急	①增大加热幅度； ②加压时应平稳

续表

项次	焊接缺陷	产生原因	消除措施
5	压焊面偏移	①焊缝两侧加热温度不均； ②焊缝两侧加热长度不等	①同径钢筋焊接时两侧加热温度和加热长度基本一致； ②异径钢筋焊接时对较大直径钢筋加热时间稍长
6	钢筋表面严重烧伤	①火焰功率过大； ②加热时间过长； ③加热器摆动不匀	调整加热火焰，正确掌握操作方法
7	未焊合	①加热温度不够或热量分布不均； ②顶压力过小； ③结合端面不洁； ④端面氧化； ⑤中途灭火或火焰不当	合理选择焊接参数，正确掌握操作方法

四、钢筋的机械连接

1. 带肋钢筋套筒挤压连接

带肋钢筋套筒挤压连接钢筋的方法是：将两根待连接钢筋插入钢套筒，用挤压连接设备沿径向挤压钢套筒，使之产生塑性变形，依靠变形后的钢套筒与被连接钢筋纵、横肋产生的机械咬合成为整体（图 2-32）。

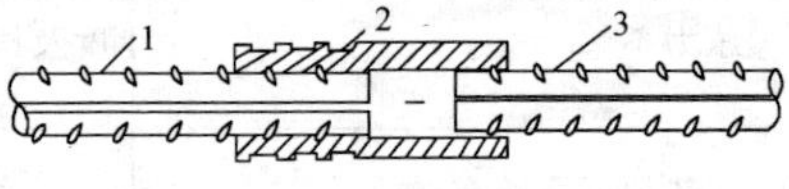

图 2-32 钢筋套筒挤压连接

1—已挤压的钢筋；2—钢套筒；3—未挤压的钢筋

这种接头质量稳定性好，可与母材等强，但操作工人工作强度大，有时液压油污染钢筋，综合成本较高。钢筋挤压连接，要求钢筋最小中心间距为 90mm。

(1)钢套筒。

钢套筒的材料宜选用强度适中、延性好的优质钢材，其实测力学性能应符合下列要求。

屈服强度 $\sigma_s=225\sim350\text{N/mm}^2$，抗拉强度 $\sigma_b=375\sim500\text{N/mm}^2$，延伸率 $\delta_5\geqslant20\%$，硬度 HB＝102～133。

钢套筒的屈服承载力和抗拉承载力的标准值不应小于被连接钢筋的屈服承载力和抗拉承载力标准值的1.10倍。

钢套筒的规格和尺寸，应符合表 2-24 的规定。外径允许偏差为±1%，壁厚允许偏差为＋12%、－10%，长度允许偏差为±2mm。

表 2-24　钢套筒的规格和尺寸

钢套筒型号	钢套筒尺寸/mm			压接标志道数
	外　径	壁　厚	长　度	
G40	70	12	240	8×2
G36	63	11	216	7×2
G32	56	10	192	6×2
G28	50	8	168	5×2
G25	45	7.5	150	4×2
G22	40	6.5	132	3×2
G20	36	6	120	3×2

钢套筒的尺寸与材料应与一定的挤压工艺配套，必须经生产厂型式检验认定。施工单位采用经过型式检验认定的套筒及挤压工艺进行施工，不要求对套筒原材料进行力学性能检验。

(2)挤压设备工作原理。

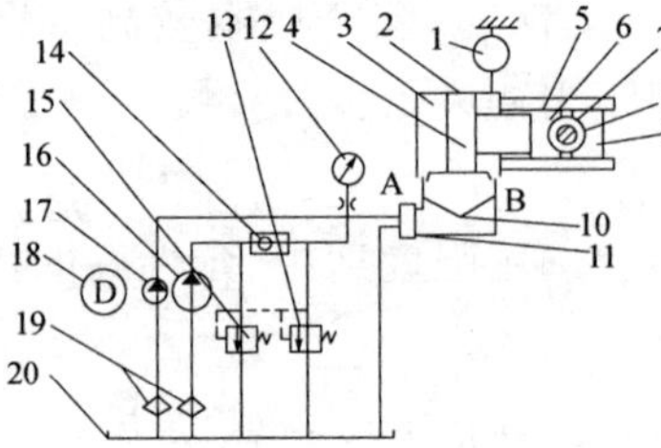

图 2-33　钢筋挤压设备工作原理

1—悬挂器；2—缸体；3—油腔；4—活塞；5—机架；6—上压模；
7—套筒；8—钢筋；9—下压模；10—油管；11—换向阀；
12—压力表；13—溢流阀；14—单向阀；15—限压阀；
16—低压泵；17—高压泵；18—电动机；19—滤油器；20—油箱

钢筋挤压设备由压接钳、超高压泵站及超高压胶管等组成。钢筋挤压设备的工作原理见图 2-33。超高压电动油泵输出的压力油，经手动换向阀、超高压胶管，进入钢筋压接钳的 A 腔。在 A 腔压力油的作用下，活塞带动压模向前运动，并挤压钢套筒。这时，B 腔的油经换向阀、超高压胶管流回油箱。当挤压到预定压力时，转动换向阀，使压力油由压钳的 B 腔进入，退回压模及活塞。A 腔的油经换向阀、超高压胶管流回油箱，完成一次挤压过程。重复以上步骤，即可根据不同规格的钢筋要求，逐一挤压。

超高压泵站为高、低压油泵并联式结构，见图 2-34。高压泵是一阀配流旋转斜盘式轴向定量柱塞泵，低压泵是一齿轮泵。设备在空载时，高、低压油泵同时向压钳供油，使压钳活塞的进给速度较快。当高压时，低压泵的油经低压溢流阀流回油箱，由高压泵单独推动活塞并挤压钢套筒。

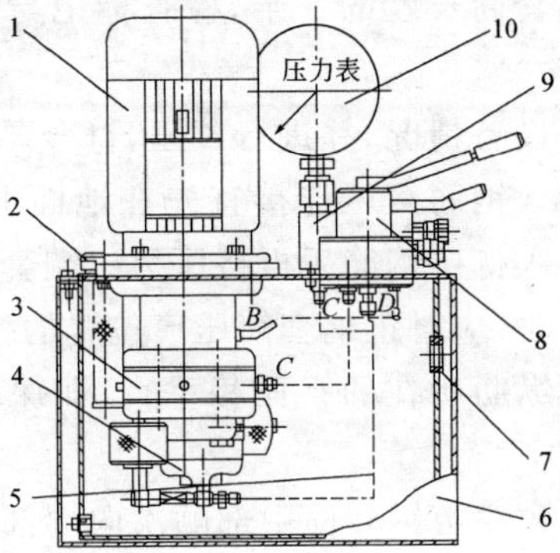

图 2-34　超高压泵站

1—电动机；2—注油通气帽；3—高压柱塞泵；
4—低压齿轮泵；5—管路；6—油箱；
7—油标；8—换向阀；9—组合阀；10—压力表

钢筋压接钳由油缸、机架和活塞等组成。上压模与活塞相连，并可沿机架轨道移动，下压模用模挡铁和机架相连，并可从机架中抽出，以便插入或退出钢筋。

该设备由于以超高压泵站为动力源，因此，体积小、重量轻，操作方便，而且工作可靠，可连接密集布置的钢筋，但净距必须大于 60mm。

(3)钢筋挤压连接工艺。

①准备工作。

a. 钢筋端头的锈、泥沙、油污等杂物应清理干净。

b. 钢筋与套筒应进行试套，如钢筋有马蹄、弯折或纵肋尺寸过大者，应预先矫正或用砂轮打磨；对不同直径钢筋的套筒不得串用。

c. 钢筋端部应画出定位标记与检查标记。定位标记与钢筋端头的距离为钢套筒长度的一半，检查标记与定位标记的距离一般为20mm。

d. 检查挤压设备情况，并进行试压，符合要求后方可作业。

②挤压作业。钢筋挤压连接宜先在地面上挤压一端套筒，在施工作业区插入待接钢筋后再挤压另一端套筒。

压接钳就位时，应对正钢套筒压痕位置的标记，并使压模运动方向与钢筋两纵肋所在的平面相垂直，即保证最大压接面能在钢筋的横肋上。

压接钳施压顺序由钢套筒中部顺次向端部进行。每次施压时，主要控制压痕深度。

(4)挤压连接工艺参数。

在选择合适的材质、钢套筒以及压接设备、压模后，接头性能主要取决于挤压变形量的工艺参数。挤压变形量包括压痕最小直径和压痕总宽度，见表2-25与表2-26。

表2-25　同规格钢筋连接时的参数选择

连接钢筋规格	钢套筒型号	压模型号	压痕最小直径允许范围/mm	压痕最小总宽度/mm
Φ40～40	G40	M40	60～63	≥80
Φ36～36	G36	M36	54～57	≥70
Φ32～32	G32	M32	48～51	≥60
Φ28～28	G28	M28	41～44	≥55
Φ25～25	G25	M25	37～39	≥50
Φ22～22	G22	M22	32～34	≥45
Φ20～20	G20	M20	29～31	≥45
Φ18～18	G18	M18	27～29	≥40

压痕总宽度是指接头一侧每一道压痕底部平直部分宽度之和。该宽度应在表2-25和表2-26规定的范围内。小于这一宽

度，接头的性能达不到要求；大于这一宽度，钢套筒的长度要增加。压痕总宽度一般由各生产厂家根据各自设备、压模刃口的尺寸和形状，通过在钢套筒上喷上挤压道数标志或出厂技术文件中确定。

表 2-26　不同规格钢筋连接时的参数选择

连接钢筋规格	钢套筒型号	压模型号	压痕最小直径允许范围/mm	压痕最小总宽度/mm
Φ40～36	G40	Φ40 端 M40	60～63	≥80
		Φ36 端 M36	57～60	≥80
Φ36～32	G36	Φ36 端 M36	54～57	≥70
		Φ32 端 M32	51～54	≥70
Φ32～28	G32	Φ32 端 M32	48～51	≥60
		Φ28 端 M28	45～48	≥60
Φ28～25	G28	Φ28 端 M28	41～44	≥55
		Φ25 端 M25	38～41	≥55
Φ25～22	G25	Φ25 端 M25	37～39	≥50
		Φ22 端 M22	35～37	≥50
Φ25～20	G25	Φ25 端 M25	37～39	≥50
		Φ20 端 M20	33～35	≥50
Φ22～20	G22	Φ22 端 M22	32～34	≥45
		Φ20 端 M20	31～33	≥45
Φ22～18	G22	Φ22 端 M22	32～34	≥45
		Φ18 端 M18	29～31	≥45
Φ20～18	G20	Φ20 端 M20	29～31	≥45
		Φ18 端 M18	28～30	≥45

在实际工程中，由现场操作者来控制的主要是压痕最小直径，它应在表 2-25 和表 2-26 规定的范围内。压痕最小直径大于这一范围，即变形太小，会使钢套筒与钢筋横肋咬合小，拖紧不够，接头受拉时，钢筋从钢套筒中滑出或接头强度达不到要求；小于这一范围，钢套筒发生了过大的塑性变形，在压痕处就有可能引起破裂或由于硬化而变脆，也有可能会由于压痕处套

筒太薄，拉伸时可能在此压痕处被拉断，还会加重设备的超负荷。当钢筋横肋或钢套筒壁厚为负偏差时，压痕最小直径应取此范围的较小值；反之则应取较大值。

压痕最小直径一般是通过挤压机上的压力表读数来间接控制的。由于钢套筒的材质不同，造成其硬度、韧性等也不同，因此会造成挤压至所要求的压痕最小直径时所需要的压力也不同。实际挤压时，压力表读数一般为60～70MPa，也有在54～80MPa之间的。这就要求操作者在挤压不同批号钢套筒时必须进行试压，以确定挤压到标准所要求的压痕直径时所需的压力值。

(5)异常现象及消除措施。

在套筒挤压连接中，当出现异常现象或连接缺陷时，宜按表2-27查找原因，采取措施，及时消除。

表2-27　钢筋套筒挤压连接异常现象及消除措施

项次	异常现象和缺陷	原因或消除措施
1	挤压机无挤压力	①高压油管连接位置不正确； ②油泵故障
2	钢套筒套不进钢筋	①钢筋弯折或纵肋超偏差； ②砂轮修磨纵肋
3	压痕分布不匀	压接时将压模与钢套筒的压接标志对正
4	接头弯折超过规定值	①压接时摆正钢筋； ②切除或调直钢筋弯头
5	压接程度不够	①泵压不足； ②钢套筒材料不符合要求

续表

项次	异常现象和缺陷	原因或消除措施
6	钢筋伸入套筒内长度不够	①未按钢筋伸入位置、标志挤压 ②钢套筒材料不符要求
7	压痕明显不均	检查钢筋在套筒内伸入度是否有压空现象

(6)套筒挤压接头质量检验。

钢套筒进场，必须有原材料试验单与套筒出厂合格证，并由该技术提供单位提交有效的型式检验报告。

①钢筋套筒挤压连接开始前及施工过程中，应对每批进场钢筋进行挤压连接工艺检验，要符合下列要求：

a.每种规格钢筋的接头试件不应少于3个。

b.接头试件的钢筋母材应进行抗拉强度试验。

c.3个接头试件强度均应符合《钢筋机械连接技术规程》(JGJ 107—2010)中相应等级的强度要求，对于A级接头，试件抗拉强度尚应大于或等于0.9倍钢筋母材的实际抗拉强度(计算实际抗拉强度时，应采用钢筋的实际横截面面积)。

②钢筋套筒挤压接头现场检验，一般只进行接头外观检查和单向拉伸试验。

a.取样数量。同批条件为材料、等级、形式、规格、施工条件相同。批的数量为500个接头，不足此数时也作为一个验收批。

对每一验收批，应随机抽取10%的挤压接头做外观检查。抽取3个试件做单向拉伸试验。

在现场检验合格的基础上，连续10个验收批单向拉伸试验合格率为100%时，可以扩大验收批所代表的接头数量一倍。

b.外观检查。挤压接头的外观检查，应符合下列要求：

挤压后套筒长度应为1.10～1.15倍原套筒长度，或压痕处套筒的外径为0.8～0.9倍原套筒的外径；挤压接头的压痕道数应符合型式检验确定的道数；接头处弯折不得大于4°；挤压后的套筒不得有肉眼可见的裂缝。

如外观质量合格数大于或等于抽检数的90%，则该批为合格。如不合格数超过抽检数的10%，则应逐个进行复验。在外观不合格的接头中抽取6个试件作单向拉伸试验再判别。

c.单向拉伸试验。3个接头试件的抗拉强度均应满足A级或B级抗拉强度的要求。如有一个试件的抗拉强度不符合要求，则加倍抽样复验。复验中如仍有一个试件检验结果不符合要求，则该验收批单向拉伸试验判为不合格。

2.钢筋镦粗直螺纹套筒连接

先利用冷镦机将钢筋端部镦粗，再用套丝机在钢筋端部的镦粗段上加工直螺纹，然后用连接套筒将两根钢筋对接。由于钢筋端部冷镦后，不仅截面加大，而且强度也有提高。加之，钢筋端部加工直螺纹后，其螺纹底部的最小直径应不小于钢筋母材的直径，因此，该接头可与钢筋母材等强。其工艺见图2-35。

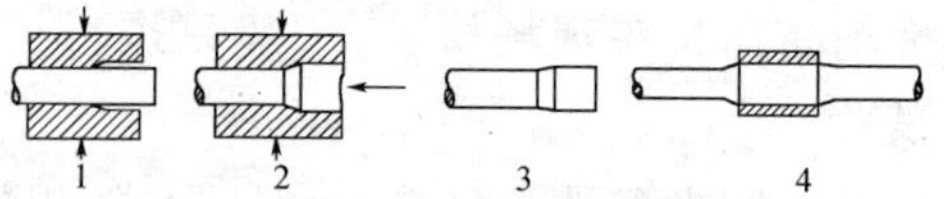

图2-35 镦粗直螺纹套筒连接工艺

1—夹紧钢筋；2—冷镦扩粗；3—加工丝头；4—对接钢筋

镦粗直螺纹钢筋接头的特点：钢筋端部经冷镦后不仅直径增大，使套丝后丝扣底部横截面积不小于钢筋原截面积，而且由于冷镦后钢材强度的提高，致使接头部位有很高的强度，断裂均发生于母材，达到SA级接头性能的要求。

(1)机具设备。

①钢筋液压冷镦机是钢筋端头镦粗用的一种专用设备。其型号有:HJC200 型(Φ18～40)、HJC250 型(Φ20～40)、CZD40、CDJ-50 型等。

②钢筋直螺纹套丝机是将已镦粗或未镦粗的钢筋端头切削成直螺纹的一种专用设备。其型号有:GZL-40、HZS-40、GTS-50 型等。

③扭力扳手、量规(通规、止规)等。

(2)镦粗直螺纹套筒。

①材质要求:对 HRB335 级钢筋,采用 45 号优质碳素钢;对 HRB400 级钢筋,采用 45 号经调质处理,或用性能不低于 HRB400 钢筋性能的其他钢种。

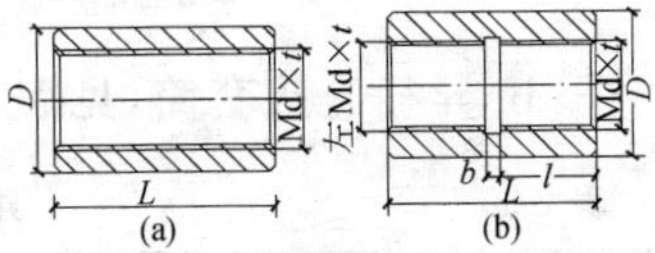

图 2-36　同径连接套筒

(a)右旋;(b)左右旋

②规格型号及尺寸。

a. 同径连接套筒,分右旋和左右旋两种(图 2-36),其尺寸见表 2-28 和表 2-29。

表 2-28　同径右旋连接套筒

型号与标记	Md×t	D/mm	L/mm
A20S-G	24×2.5	36	50
A22S-G	26×2.5	40	55
A25S-G	29×2.5	43	60
A28S-G	32×3	46	65
A32S-G	36×3	52	72
A36S-G	40×3	58	80
A40S-G	44×3	65	90

表 2-29　　同径左右旋连接套筒

型号与标记	$Md\times t$	D/mm	L/mm	l/mm	b/mm
A20SLR-G	24×2.5	38	56	24	8
A22SLR-G	26×2.5	42	60	26	8
A25SLR-G	29×2.5	45	66	29	8
A28SLR-G	32×3	48	72	31	10
A32LR-G	36×3	54	80	35	10
A36SLR-G	40×3	60	86	38	10
A40SLR-G	44×3	67	96	43	10

b. 异径连接套筒，见表 2-30。

表 2-30　　异径连接套筒

简　　图

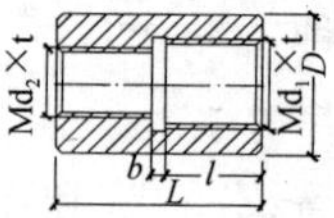

型号与标记	$Md_1\times t$	$Md_2\times t$	b	D	l	L
AS20-22	M26×2.5	M24×2.5	5	Φ42	26	57
AS22-25	M29×2.5	M26×2.5	5	Φ45	29	63
AS25-28	M32×3	M29×2.5	5	Φ48	31	67
AS28-32	M36×3	M32×3	6	Φ54	35	76
AS32-36	M40×3	M36×3	6	Φ60	38	82
AS36-40	M44×3	M40×3	6	Φ67	43	92

c. 可调节连接套筒，见表 2-31。

表 2-31　　可调节连接套筒

简　图	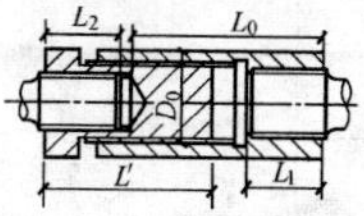					
型号和规格	钢筋规格 /mm	D_0 /mm	L_0 /mm	L' /mm	L_1 /mm	L_2 /mm
DSJ－22	Φ22	40	73	52	35	35
DSJ－25	Φ25	45	79	52	40	40
DSJ－28	Φ28	48	87	60	45	45
DSJ－32	Φ32	55	89	60	50	50
DSJ－36	Φ36	64	97	66	55	55
DSJ－40	Φ40	68	121	84	60	60

③质量要求。

a. 连接套筒表面无裂纹，螺牙饱满，无其他缺陷。

b. 牙形规检查合格，用直螺纹塞规检查其尺寸精度。

c. 连接套筒两端头的孔，必须用塑料盖封上，以保持内部洁净，干燥防锈。

(3)钢筋加工与检验。

①钢筋下料时，应采用砂轮切割机，切 1∶3 的端面应与轴线垂直，不得有马蹄形或挠曲。

②钢筋下料后，在液压冷锻压床上将钢筋镦粗。不同规格的钢筋冷镦后的尺寸，见表 2-32。根据钢筋直径、冷镦机性能及镦粗后的外形效果，通过试验确定适当的镦粗压力。操作中要保证镦粗头与钢筋轴线不得大于 4°的倾斜，不得出现与钢筋轴线相垂直的横向表面裂缝。发现外观质量不符合要求时，应及时割除，重新镦粗。

表 2-32　　钢筋冷镦规格尺寸

简　　图	钢筋规格 /mm	镦粗直径 d/mm	长度 L/mm
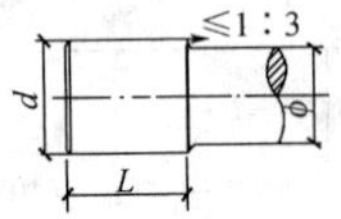	Φ22	26	30
	Φ25	29	33
	Φ28	32	35
	Φ32	36	40
	Φ36	40	44
	Φ40	44	50

③钢筋冷镦后，在钢筋套丝机上切削加工螺纹。钢筋端头螺纹规格应与连接套筒的型号匹配。钢筋螺纹加工质量应牙形饱满，无断牙、秃牙等缺陷。

④钢筋螺纹加工后，随即用配置的量规逐根检测(图2-37)。合格后，再由专业质检员按一个工作班 10%的比例抽样校验。如发现有不合格螺纹，应全部逐个检查，并切除所有不合格螺纹，重新镦粗和加工螺纹。

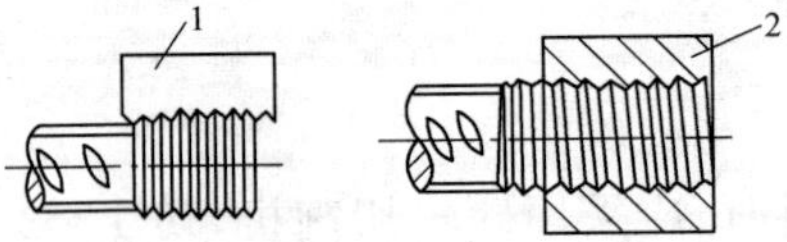

图 2-37　直螺纹接头量规

1—牙形规；2—直螺纹环规

(4)现场连接施工。

①对连接钢筋可自由转动的，先将套筒部分或全部拧入一个被连接钢筋的螺纹内，而后转动连接钢筋或反拧套筒到预定位置。最后用扳手转动连接钢筋，使其相互对顶锁定连接套筒。

②对于钢筋完全不能转动，如弯折钢筋或还要调整钢筋内力的场合，如施工缝、后浇带，可将锁定螺母和连接套筒预先拧入加长的螺纹内，再反拧入另一根钢筋端头螺纹上，最后用锁定螺母锁定连接套筒；或配套应用带有正反螺纹的套筒，以便从一个方向上能松开或拧紧两根钢筋。

③直螺纹钢筋连接时，应采用扭力扳手，按表2-33规定的力矩值把钢筋接头拧紧。

表2-33　直螺纹钢筋接头拧紧力矩值

钢筋直径/mm	≤16	18～20	22～25	28～32	36～40
拧紧力矩/N·m	100	200	260	320	360

(5)接头质量检验。

①钢筋连接开始前及施工过程中，应对每批进场钢筋进行接头连接工艺检验。每种规格钢筋的接头试件不应少于3个作单向拉伸试验。其抗拉强度应能发挥钢筋母材强度或大于1.15倍钢筋抗拉强度标准值。

②接头的现场检验按验收批进行。同一施工条件下采用同一批材料的同等级别、同规格接头，以500个为1个验收批。对接头的每一个验收批，必须在工程结构中随机抽取3个试件做单向拉伸试验。当3个试件的抗拉强度都能发挥钢筋母材强度或大于1.15倍钢筋抗拉强度标准值时，该验收批达到SA级强度指标。如有1个试件的抗拉强度不符合要求，应加倍取样复验。如3个试件的抗拉强度仅达到该钢筋的抗拉强度标准值，则该验收批降为A级强度指标。

在现场连续检验10个验收批，全部单向拉伸试件一次抽样均合格时，验收批接头数量可扩大一倍。

3. 钢筋锥螺纹套筒连接

(1)钢筋锥螺纹连接套筒。

①锥螺纹套筒的材质：对 HRB335 级钢筋采用 30～40 号钢，对 HRB400 级钢采用 45 号钢。

②锥螺纹套筒的尺寸，应与钢筋端头锥螺纹的牙形与牙数匹配，并应满足承载力略高于钢筋母材的要求。

③锥螺纹筒的加工宜在专业工厂进行，以保证产品质量。各种规格的套筒外表面，均有明显的钢筋级别及规格标记。套筒加工后，其两端锥孔必须用与其相应的塑料密封盖封严。

④锥螺纹套筒接头尺寸没有统一的规定，必须经技术提供单位型式检验认定。表 2-34 与表 2-35 所列的锥螺纹套筒接头尺寸仅供参考。

表 2-34　钢筋普通锥螺纹套筒接头(B 级)规格尺寸

简图	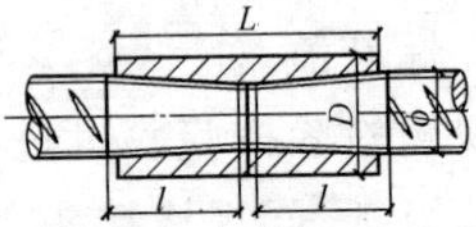			
钢筋公称直径	锥螺纹尺寸	l/mm	L/mm	D/mm
ф18	ZM19×2.5	25	60	28
ф20	ZM21×2.5	28	65	30
ф22	ZM23×2.5	32	70	32
ф25	ZM26×2.5	37	80	35
ф28	ZM29×2.5	42	90	38
ф32	ZM33×2.5	47	100	44
ф36	ZM37×2.5	52	110	48
ф40	ZM41×2.5	57	120	52

表 2-35　钢筋等强度锥螺纹套筒接头(A 级)规格尺寸(钢筋端头镦粗)

简图	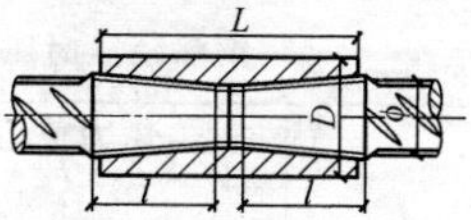			
钢筋公称直径	锥螺纹尺寸	l/mm	L/mm	D/mm
Φ20	ZM24×2.5	25	60	34
Φ22	ZM26×2.5	30	70	36
Φ25	ZM29×2.5	35	80	39
Φ28	ZM32×2.5	40	90	43
Φ32	ZM36×2.5	45	100	48
Φ36	ZM40× 2.5	50	110	52
Φ40	ZM44×2.5	55	120	56

⑤锥螺纹套筒的验收。应检查套筒的规格、型号与标记；套筒的内螺纹圈数、螺距与齿高；螺纹有无破损、歪斜、不全、锈蚀等现象。其中套筒检验的重要一环是用锥螺纹塞规检查同规格套筒的加工质量，见图 2-38。当套筒大端边缘在锥螺纹塞规大端缺口范围内时，套筒为合格品。

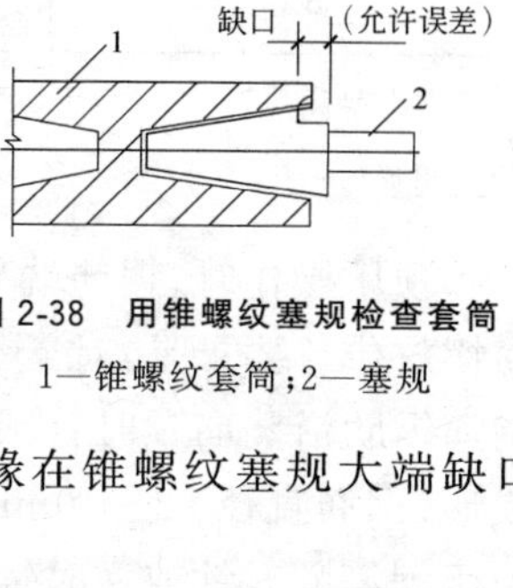

图 2-38　用锥螺纹塞规检查套筒

1—锥螺纹套筒；2—塞规

(2)钢筋锥螺纹的加工与检验。

①钢筋下料应采用砂轮切割机。其端头截面应与钢筋轴线垂直，并不得翘曲。

②钢筋锥螺纹 A 级接头，应对钢筋端头进行镦粗或径向顶压处理。

钢筋端头预压时采用的压力值应符合产品供应单位通过型

式检验确定的技术参数要求，见表 2-36。

表 2-36　钢筋预压时压力值

钢筋规格 /mm	压力值范围 /kN	GK 型机油压值范围 /(N/mm²)
Φ16	620～730	24～28
Φ18	680～780	26～30
Φ20	680～780	26～30
Φ22	680～780	26～30
Φ25	990～1090	38～42
Φ28	1140～1250	44～48
Φ32	1400～1510	54～58
Φ36	1610～1710	62～66
Φ40	1710～1820	66～70

注：若改变预压机机型，该表中压力值范围不变，但油压值范围要相应改变，具体数值由生产厂家提供。

预压操作时，钢筋端部完全插入预压机，直至前挡板处；钢筋摆放位置要求是：对于一次预压成形（钢筋直径 16～20mm），钢筋纵肋沿竖向顺时针或逆时针旋转 20°～40°；对于两次预压成形（钢筋直径 22～40mm），第一次预压钢筋纵肋向上，第二次预压钢筋顺时针或逆时针旋转 90°。

预压后的钢筋端头应逐个进行自检。经自检合格的预压端头，质检人员应按要求对每种规格本次加工批抽检 10%，如有一个端头不合格，则应对该加工批全数检查，不合格钢筋端头应二次预压或部分切除重新预压。预压端头标准应符合表 2-37 的规定。预压后的钢筋端头圆锥体小端直径大于 B 尺寸，并且小于 A 尺寸即为合格。

表 2-37　　预压钢筋端头检验标准　　（单位：mm）

检测规筒图	钢筋规格	A	B
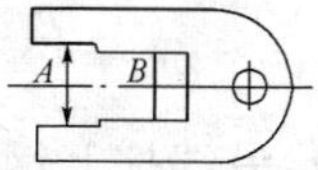	Φ16	17.0	14.5
	Φ18	18.5	16.0
	Φ20	19.0	17.5
	Φ22	22.0	19.0
	Φ25	25.0	22.0
	Φ28	27.5	24.5
	Φ32	31.5	28.0
	Φ36	35.5	31.5
	Φ40	39.5	35.0

③经检验合格的钢筋，方可在套丝机上加工锥螺纹。钢筋套丝所需的完整牙数见表 2-38。

表 2-38　　钢筋套丝完整牙数的规定值

钢筋直径/mm	16～18	20～22	25～28	32	36	40
完整牙数	5	7	8	10	11	12

钢筋锥螺纹丝头的锥度、牙形、螺距等必须与连接套筒的锥度、牙形、螺距一致，且经配套的量规检测合格。

加工钢筋锥螺纹时，应采用水溶性切削润滑液。对大直径钢筋宜分次切削到规定的尺寸，以保证丝扣精度，避免损坏梳刀。

④钢筋锥螺纹的检查：对已加工的丝扣端要用牙形规及卡规逐个进行自检，见图 2-39。

要求钢筋丝扣的牙形必须与牙形规吻合，小端直径不超过卡规的允许误差，丝扣完整牙数不得小于规定值。不合格的丝扣，要切掉后重新套丝。然后再由质检员按 10％的比例抽检，如有 1 根不合格，要加倍抽检。

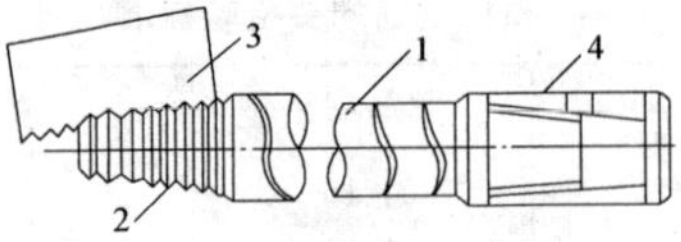

图 2-39 钢筋套丝的检查

1—钢筋；2—锥螺纹；3—牙形规；4—卡规

锥螺纹检查合格后，一端拧上塑料保护帽，另端拧上钢套筒与塑料封盖，并用扭矩扳手将套筒拧至规定的力矩，以利保护与运输。

(3)钢筋锥螺纹连接施工。

连接钢筋前，将下层钢筋上端的塑料保护帽拧下来露出丝扣，并将丝扣上的水泥浆等污物清理干净。

连接钢筋时，将已拧套筒的上层钢筋拧到被连接的钢筋上，并用扭力扳手按表 2-39 规定的力矩值把钢筋接头拧紧。直至扭力扳手在调定的力矩值发出响声，并随手画上油漆标记，以防有的钢筋接头漏拧。力矩扳手每半年应标定一次。常用接头连接方法有以下几种(图 2-40)。

表 2-39 锥螺纹钢筋接头拧紧力矩值

钢筋直径/mm	≤16	18～20	22～25	28～32	36～40
扭紧力矩/N·m	100	180	240	300	360

a. 同径或异径普通接头：分别用力矩扳手将①与②、②与④拧到规定的力矩值，见图 2-40(a)。

b. 单向可调接头：分别用力矩扳手将①与②、③与④拧到规定的力矩值，再把⑤与②拧紧，见图 2-40(b)。

c. 双向可调接头：分别用力矩扳手将①与⑥、③与④拧到规定的力矩值，且保持③、⑥的外露丝扣数相等，然后分别夹住③

与⑥，把②拧紧，见图 2-40(c)。

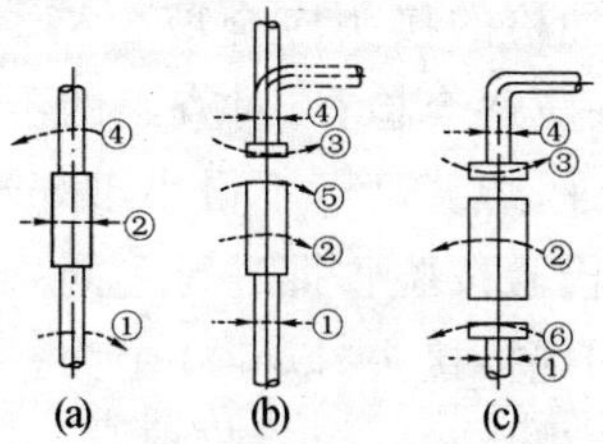

图 2-40　锥螺纹钢筋连接方法

(a)普通接头；(b)单向可调接头；(c)双向可调接头

①、④—钢筋；②—连接套筒；③、⑥—可调套筒；⑤—锁母

(4)钢筋锥螺纹接头质量检验。

①连接钢筋时，应检查连接套筒出厂合格证、钢筋锥螺纹加工检验记录。

②钢筋连接工程开始前及施工过程中，应对每批进场钢筋和接头进行工艺检验：

a. 每种规格钢筋母材进行抗拉强度试验。

b. 每种规格钢筋接头的试件数量不应少于 3 个。

c. 接头试件应达到《钢筋机械连接技术规程》(JGJ 107—2010)中相应等级的强度要求。

③随机抽取同规格接头数的 10％进行外观检查。应满足钢筋与连接套的规格一致，接头丝扣无完整丝扣外露。

如发现有一个完整丝扣外露，即为连接不合格，必须查明原因，责令工人重新拧紧或进行加固处理。

④用质检的力矩扳手，按表 2-39 规定的接头拧紧值抽检接头的连接质量。

抽验数量：梁、柱构件按接头数的 15％，且每个构件的接头抽验数不得少于 1 个接头；基础、墙、板构件按各自接头数，每

100 个接头作为一个验收批，不足 100 个也作为一个验收批，每批抽检 3 个接头。抽检的接头应全部合格，如有 1 个接头不合格，则该验收批接头应逐个检查，对查出的不合格接头应采用电弧贴角焊缝方法补强，焊缝高度不得小于 5mm。

⑤接头的现场检验按验收批进行。同一施工条件下的同一批材料的同等级、同规格接头，以 500 个为一个验收批进行检验与验收，不足 500 个也作为一个验收批。

⑥对接头的每一验收批，应在工程结构中随机抽取 3 个试件做单向拉伸试验，按设计要求的接头性能等级进行检验。

⑦在现场连续检验 10 个验收批，全部单向拉伸试件一次抽样均合格时，验收批接头数量可扩大一倍。

⑧当质检部门对钢筋接头的连接质量产生怀疑时，可以用非破损张拉设备做接头的非破损拉伸试验。

4. 钢筋直接滚轧(压)直螺纹连接

(1)工艺流程。

钢筋直接滚轧(压)直螺纹连接工艺流程见图 2-41。

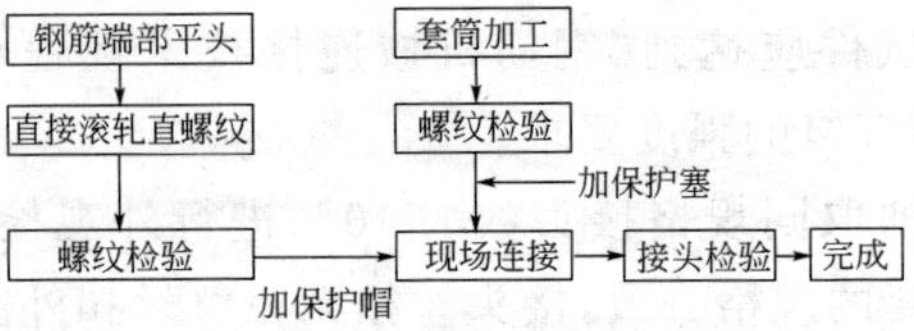

图 2-41 钢筋直接滚轧(压)直螺纹连接工艺流程

(2)钢筋丝头加工。

①钢筋端部不得有弯曲，出现弯曲时应调直后再进行加工。

②钢筋下料时宜用砂轮锯等机具，不得用电焊、气割等切断；钢筋端面宜平整并与钢筋轴线垂直，不得有马蹄形或扭曲。

③钢筋规格应与滚丝器调整一致，螺纹滚轧的长度应满足设计要求。

④钢筋直螺纹滚轧加工时，应使用水溶性切削润滑液，不得使用油性润滑切削液，也不得在没有切削润滑液的情况下进行加工。

⑤钢筋丝头螺纹尺寸宜按《普通螺纹　基本尺寸》(GB/T 196—2003)确定，中径公差应满足《普通螺纹　公差》(GB/T 197—2003)中 6f 精度要求。

⑥钢筋丝头加工自检完毕后，应立即套上保护帽，防止损坏丝头。

(3)钢筋丝头加工参考数据。

①钢筋同径连接丝头加工参考数据见表 2-40。

表 2-40　　同径丝头加工参考数据表　　(单位:mm)

简图	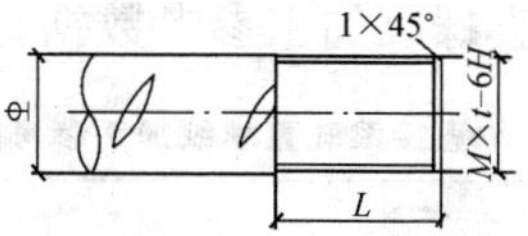						
代号	A20R-J	A22R-J	A25R-J	A28R-J	A32R-J	A36R-J	A40R-J
Φ	20	22	25	28	32	36	40
$M\times t$	19.6×3	21.6×3	24.6×3	27.6×3	31.6×3	35.6×3	39.6×3
L	30	32	35	38	42	46	50

②钢筋同径正反扣直螺纹丝头加工参考数据见表2-41。

表 2-41　　正反扣丝头加工参考数据表

简图

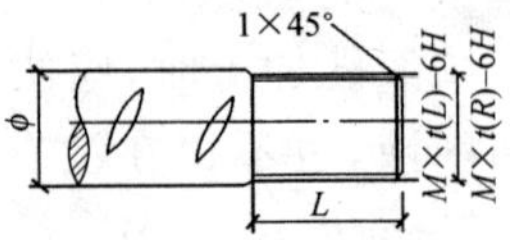

代号	直径/mm	$M\times t$(左)	$M\times f$(右)	L/mm
A20RLR-G	Φ20	19.6×3	19.6×3	34
A22RLR-G	Φ22	21.6×3	21.6×3	36
A25RLR-G	Φ25	24.6×3	24.6×3	39
A28RLR-G	Φ28	27.6×3	27.6×3	42
A32RLR-G	Φ32	31.6×3	31.6×3	46
A36RLR-G	Φ36	35.6×3	35.6×3	50
A40RLR-G	Φ40	39.6×3	39.6×3	54

③直接滚轧直螺纹加工参考数据，见表 2-42。

表 2-42　　直接滚轧直螺纹加工参考数据表　　（单位：mm）

简图

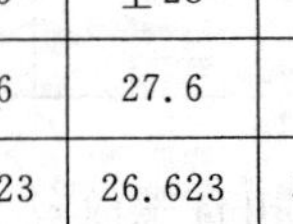

直径	Φ20	Φ22	Φ25	Φ28	Φ32	Φ36	Φ40
大径	19.6	21.6	24.6	27.6	31.6	35.6	39.6
中径	18.623	20.623	23.623	26.623	30.623	34.623	38.623
小径	17.2	19.2	22.2	25.2	29.2	33.2	37.2

(4)套筒加工参考数据。

①同径直螺纹套筒加工参考数据见表2-43。

表2-43　同径直螺纹套筒加工参考数据表　（单位:mm）

简图	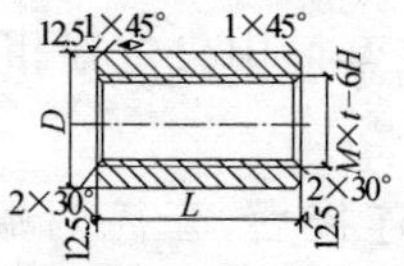						
代号	A20R-G	A22R-G	A25R-G	A28R-G	A32R-G	A36R-G	A40R-G
D	30±0.5	32±0.5	38±0.5	42±0.5	48±0.5	54±0.5	59±0.5
$M\times t$	19.6×3	21.6×3	24.6×3	27.6×3	31.6×3	35.6×3	39.6×3
L	44	48	54	60	68	76	84

②同径正反扣直螺纹套筒加工参考数据见表2-44。

表2-44　同径正反扣直螺纹套筒加工参考数据表

简　图	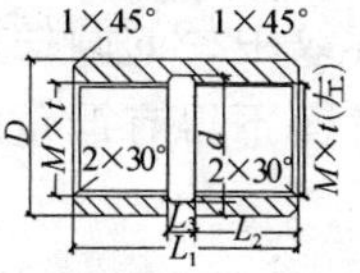					
代　　号	D/mm	d/mm	$M\times t$ （左、右）	L_1/mm	L_2/mm	L_3/mm
A20RLR-G	32	21	19.6×3	49	20	9
A22RLR-G	35	23	21.6×3	53	22	9
A25RLR-G	41	26	24.6×3	59	25	9
A28RLR-G	45	29	27.6×3	65	28	9
A32RLR-G	51	33	31.6×3	73	32	9
A36RLR-G	57	37	35.6×3	81	36	9
A40RL4-G	62	41	39.6×3	89	40	9

(5)钢筋连接。

①进行钢筋连接时，钢筋丝头规格应与套筒规格一致，且丝扣要完好无损、无污物。

②钢筋连接时，必须采用长度不小于400mm的管钳扳手拧紧，使两钢筋丝头在套筒中央位置相互顶紧或用锁母锁紧，并用油漆加以标记。

③标准型接头连接后，套筒两端外露完整丝扣不得超过2扣，加长型丝头的外露丝扣不受限制。

5. 质量要求

(1)钢筋丝头。

①钢筋丝头的长度、中径、牙型角和有效丝扣数量等必须符合设计要求。

②丝头的大径低于螺纹中径的不完整丝扣的累计长度，不得超过两个螺纹周长。

③丝头有效螺纹中径的圆柱度不得超过0.2mm。

④钢筋丝头表面不得有严重的锈蚀及破损。

(2)连接套筒。

①套筒的长度、直径和内螺纹等必须符合设计要求；

②套筒的外观不得有裂纹，内螺纹及外表面不得有严重的锈蚀及破损。

五、钢筋的绑扎与安装

1. 钢筋绑扎和安装的准备工作

在混凝土工程中，模板安装、钢筋绑扎与混凝土浇筑是立体交叉作业的，为了保证质量、提高效率、缩短工期，必须在钢筋绑扎安装前认真做好以下准备工作。

(1)图纸、资料的准备。

①熟悉施工图。施工图是钢筋绑扎安装的依据。熟悉施工图的目的是弄清各个编号的钢筋形状、标高、细部尺寸、安装部位,钢筋的相互关系,确定各类结构钢筋正确合理的绑扎顺序。同时若发现施工图有错漏或不明确的地方,应及时与有关部门联系解决。

②核对配料单及料牌。依据施工图,结合标准对接头位置、数量、间距的要求,核对配料单及料牌是否正确,校核已加工好的钢筋的品种、规格、形状、尺寸及数量是否合乎配料单的规定,有无错配、漏配。

③确定施工方法。根据施工组织设计中对钢筋安装时间和进度的要求,研究确定相应的施工方法。

(2)工具、材料的准备。

①工具准备。备好扳手、铁丝、小撬棍、马架、钢筋钩、画线尺、垫块或塑料定位卡、撑铁(骨架)等常用工具。

②了解现场施工条件。包括运输路线是否畅通,材料堆放地点是否安排的合理等。

③检查钢筋的锈蚀情况,确定是否除锈和采用哪种除锈方法等。

(3)现场施工的准备。

①施工图放样。按施工图的钢筋安装部位绘出若干样图,样图经校核无误后,才可作为绑扎依据。

②钢筋位置放线。若梁、板、柱类型较多时,为避免混乱和差错,还应在模板上标示各种型号构件的钢筋规格、形状和数量。为使钢筋绑扎正确,一般先在结构模板上用粉笔按施工图标明的间距画线,作为摆料的依据。通常平板或墙板钢筋在模

板上画线，柱箍筋在两根对角线主筋上画点，梁箍筋在架立钢筋上画点，基础的钢筋则在固定架上画线或在两向各取一根钢筋上画点。钢筋接头按位置、数量的要求，在模板上画出。

③做好自检、互检及交接检工作。在钢筋绑扎安装前，应会同施工人员及木工、水电安装工等有关工种，共同检查模板尺寸、标高，确定管线、水电设备等的预埋和预留工作。

(4)混凝土施工过程中的注意事项。

①在混凝土浇筑过程中，混凝土的运输应有自己独立的通道。运输混凝土不能损坏成品钢筋骨架，应在混凝土浇筑时派钢筋工现场值班，及时修整移动的钢筋或扎好松动的绑扎点。

②混凝土施工缝不应随意留置，其位置应事先在施工技术方案中确定，应尽可能留置在受剪力较小的部位，并且要便于施工。钢筋工应在混凝土再次浇筑前，认真调整混凝土施工缝部位的钢筋。

2. 钢筋绑扎操作工艺

(1)钢筋绑扎的常用工具。

①钢筋钩。钢筋钩是用得最多的绑扎工具，其基本形式见图 2-42。常用直径为 12～16mm、长度为 160～200mm 的圆钢筋加工而成，根据工程需要还可以在其尾部加上套筒或小板口等。

②小撬棍。主要用来调整钢筋间距、矫直钢筋的局部弯曲、垫保护层垫块等，其形式见图 2-42。

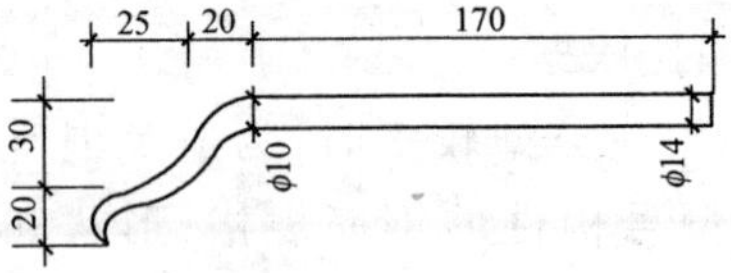

图 2-42　钢筋钩

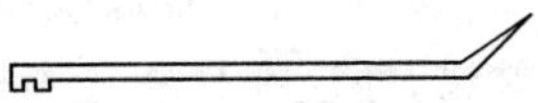

图 2-43　小撬棍

③起拱扳子。板的弯起钢筋需现场弯曲成型时，可以在弯起钢筋与分布钢筋绑扎成网片以后，再用起拱扳子将钢筋弯曲成形。起拱扳子的形状和操作方法见图2-44。

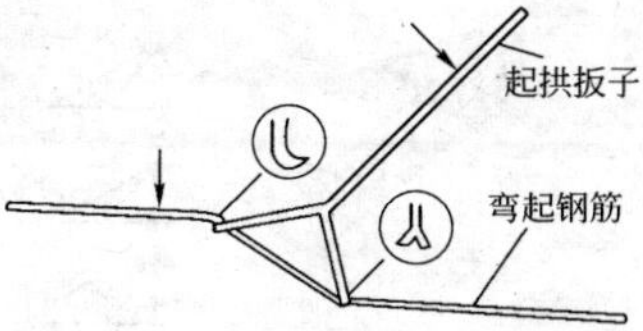

图2-44　起拱扳子及操作

④绑扎架。为了确保绑扎质量，绑扎钢筋骨架必须用钢筋绑扎架，根据绑扎骨架的轻重、形状，可选用见图2-45～图2-47的相应形式绑扎架。其中图2-45为轻型骨架绑扎架，适用于绑扎过梁、空心板、槽形板等钢筋骨架；图2-46为重型骨架绑扎架，适用于绑扎重型钢筋骨架；图2-47为坡式骨架绑扎架，具有重量轻、用钢量省、施工方便（扎好的钢筋骨架可以沿绑扎架的斜坡下滑）等优点，适用于绑扎各种钢筋骨架。

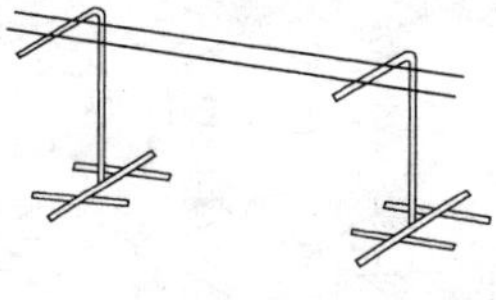
图2-45　轻型骨架绑扎架

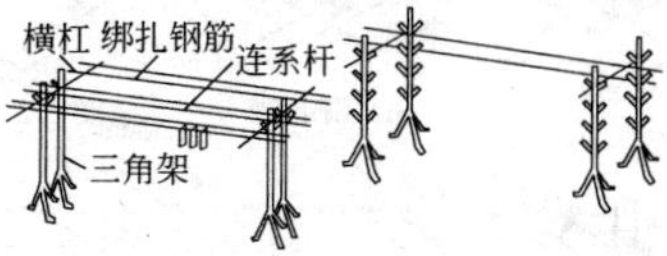

图2-46　重型骨架绑扎架

(2)钢筋绑扎的操作方法。

绑扎钢筋是借助钢筋钩用铁丝把各种单根钢筋绑扎成整体网片或骨架的方法。

①一面顺扣操作法：这是最常用的方法，具体操作见图2-48。绑扎时先将铁丝扣穿套钢筋交叉点，接着用钢筋钩钩住铁丝弯成圆圈的一端，旋转钢筋钩，一般旋1.5～2.5转即可。扣要短，才能少转快扎。这种方法操作简便，绑点牢靠，适用于钢筋网、架各个部位的绑扎。

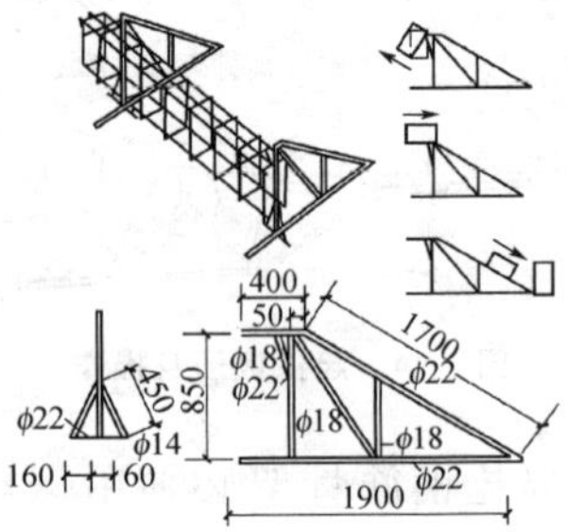

图 2-47　坡式骨架绑扎架

图 2-48　钢筋一面顺扣绑扎法

②其他操作法：钢筋绑扎除一面顺扣操作法之外，还有十字花扣、反十字花扣、兜扣、缠扣、兜扣加缠、套扣等。这些方法主要根据绑扎部位的实际需要进行选择，其形式见图 2-49。

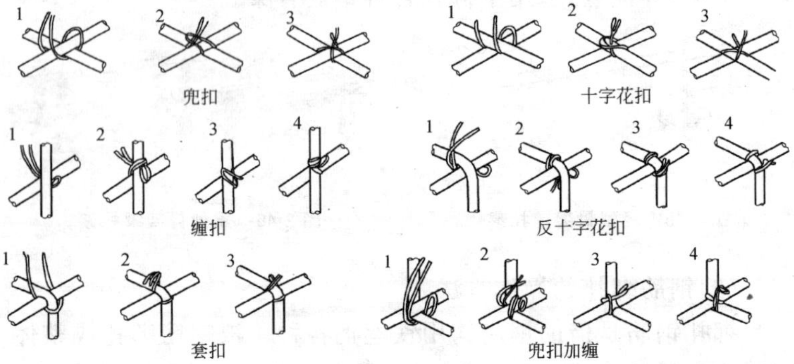

图 2-49　钢筋绑扎方法

十字花扣、兜扣适用于平板钢筋网和箍筋处绑扎；缠扣主要用于墙钢筋和柱箍的绑扎；反十字花扣、兜扣加缠适用于梁骨架的箍筋与主筋的绑扎；套扣用于梁的架立钢筋和箍筋的绑口处。

(3)钢筋绑扎操作。

绑扎钢筋用的铁丝主要规格为 20～22 号的镀锌铁丝或火烧丝。22 号铁丝宜用于绑扎直径 12mm 以下的钢筋，绑扎直径 12～25mm 钢筋时，宜用 20 号铁丝。

3. 钢筋绑扎的操作要点

(1)画线时应画出主筋的间距及数量，并标明箍筋的加密位置。

(2)板类钢筋应先排主筋后排连系钢筋，梁类钢筋一般先摆纵筋后摆横筋。摆筋时应注意按规定与受力钢筋的接头错开。

(3)受力钢筋接头在连接区段($35d$，d 为钢筋直径，且不小于 500mm)内，有接头的受力钢筋截面面积占受力钢筋总截面面积的百分率应符合相关规范规定。

(4)箍筋的转角与其他钢筋的交叉点均应绑扎，但箍筋的平直部分与钢筋的交叉点可呈梅花式交错绑扎。箍筋的弯钩叠合处应错开绑扎，应交错绑扎在不同的钢筋上。

(5)绑扎钢筋网片(见图 2-50)采用一面顺扣绑扎法，在相邻两个绑点应呈八字形，不要互相平行以防骨架歪斜变形。

图 2-50　绑扎钢筋网片

(6)预制钢筋骨架绑扎时要注意保持外形尺寸正确，避免入模安装困难。

(7)在保证质量、提高工效、减轻劳动强度的原则下，研究加工方案，方案应分清预制部分和模内绑扎部分，以及两者相互的衔接，避免后续工序施工困难，甚至造成返工浪费。

4. 钢筋安装检查

钢筋绑扎安装完毕，应按以下内容进行检查：

（1）对照设计图纸检查钢筋的钢号、直径、根数、间距、位置是否正确，应特别注意钢筋的位置。

（2）检查钢筋的接头位置和搭接长度是否符合规定。

（3）检查混凝土保护层的厚度是否符合规定。

（4）检查钢筋是否绑扎牢固，有无松动变形现象。

（5）钢筋表面不允许有油渍、漆污和片状铁锈。

（6）安装钢筋的允许偏差，必须符合质量验收规范的要求。

5. 钢筋现场模内绑扎

钢筋模内绑扎的一般顺序为：画线→摆筋→穿筋→绑扎安放垫块等。

（1）独立柱基础钢筋绑扎（图 2-51）。

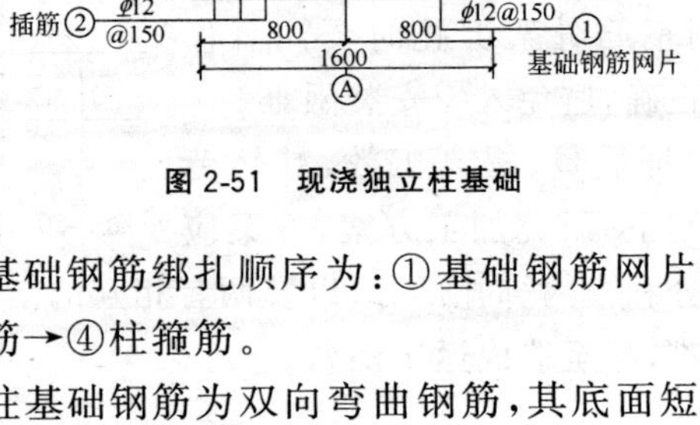

图 2-51　现浇独立柱基础

独立柱基础钢筋绑扎顺序为：①基础钢筋网片→②插筋→③柱受力钢筋→④柱箍筋。

①独立柱基础钢筋为双向弯曲钢筋，其底面短向与长向钢

筋的布置，应按设计图纸要求。

②钢筋网片绑扎时，要将钢筋的弯钩朝上，不要倒向一边，绑扎时，应先绑扎底面钢筋的两端，以便固定底面钢筋的位置。

③柱钢筋与插筋绑扎接头，绑扣要向里，便于箍筋向上移动。

④在绑扎柱钢筋时，其纵向筋应使弯钩朝向柱心。

⑤箍筋弯钩叠合处需错开。

⑥插筋需用木条井字架固定在外模板上。

⑦现浇柱与基础连接用的插筋应比柱的箍筋缩小一个柱主筋直径，以便连接。

(2)条形基础钢筋绑扎。

钢筋绑扎顺序为：绑扎底板网片→绑扎条形骨架。

①一般在支模前进行就地绑扎，借助绑扎架支起上、下纵筋和弯起钢筋。

②套入箍筋后，放下部纵筋。

③箍筋按画线间距就位。

④将上、下纵筋及弯起钢筋排列均匀，进行绑扎。

⑤绑扎成型后抽出绑扎架，将骨架放在底板钢筋上并进行绑扎。

(3)牛腿柱钢筋骨架的绑扎。

图2-52为牛腿柱配筋图，柱内钢筋说明如下：

①②号钢筋为柱外侧钢筋，沿柱通长布置；③④号钢筋为上柱内侧钢筋，长度从牛腿底部到柱顶；⑤⑥号钢筋为下柱内侧钢筋，长度从柱底到牛腿顶；⑦号钢筋是上柱的箍筋，其间距为200mm；⑧号钢筋是下柱的箍筋，其间距为200mm；⑨号钢筋是牛腿部分的箍筋，其间距为100mm，牛腿斜线处箍筋为变截面；⑩号钢筋放在牛腿两边最外侧；⑪号钢筋是下柱的两根腰筋，放

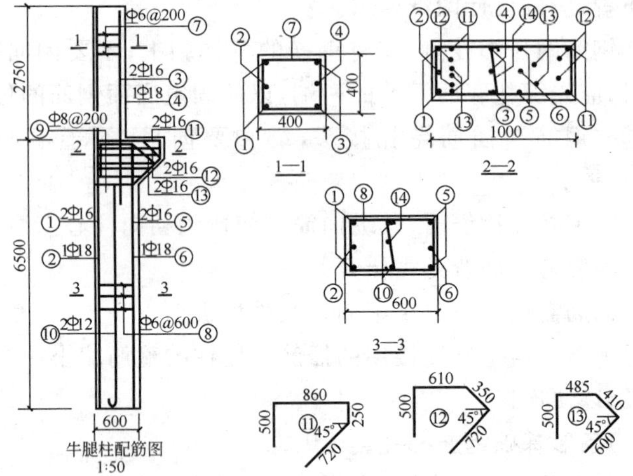

图 2-52　牛腿柱配筋图

在下部截面长边的中部，长度从下柱底到牛腿底；⑫、⑬号钢筋位置见图；⑭号钢筋是固定⑩号腰筋和上柱并插到牛腿中③号钢筋的拉筋，在 6500mm 长度内配置，其间距为 200mm。

钢筋绑扎顺序为：绑扎下柱钢筋→绑扎牛腿钢筋→绑扎上柱钢筋。

①在搭接长度内，绑扣要向柱内，便于箍筋向上移动。

②柱子主筋若有弯钩，弯钩应朝向柱心。

③绑扎接头的搭接长度，应符合设计要求和规范规定。

④牛腿部位的⑨号箍筋，应按变截面计算加工尺寸。

⑤结构为多层时，下层柱的钢筋露出楼面部分，宜用工具式柱箍将其收进一个柱主筋直径，以便上下层钢筋的连接。

⑥牛腿钢筋应放在柱的纵向钢筋内侧。

(4)钢筋过梁的配制与绑扎。

绑扎顺序（图 2-53）为：支设绑扎架→画钢筋间距点→绑扎

成型。

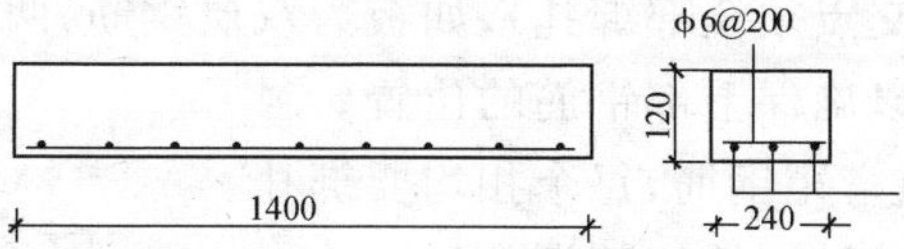

图2-53　过梁配筋图

①过梁钢筋在马凳式绑扎架上进行，两绑扎架组成工作架时，应互相平行，见图2-54。

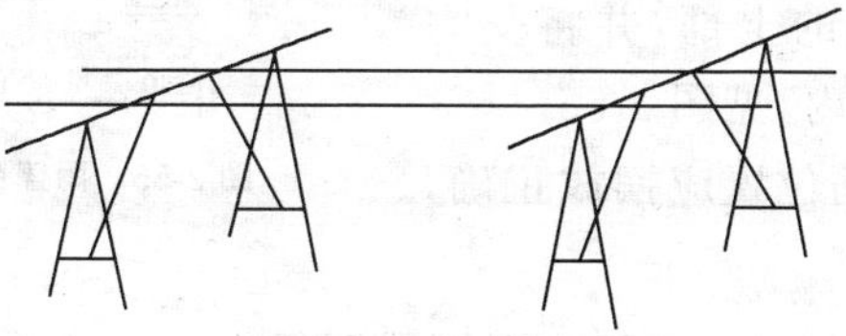

图2-54　马凳式钢筋绑扎架

②绑扎时，纵向钢筋的间距点画在两端绑扎架的横杆上，横向钢筋的间距点画在两侧的纵向钢筋上。

③采用一面顺扣法绑扎成型，绑扎铁丝缠绕方向应交错变换，绑扎铁丝头不应弯向保护层。

④绑扎完毕后，检查整体尺寸是否与模板尺寸相适应，间距尺寸也应符合要求。

(5)现浇框架板钢筋绑扎。

现浇板钢筋绑扎顺序为：清理模板→模板上画线→绑扎下层钢筋→绑上层(负弯矩)钢筋。

①清扫模板上杂物，在模板上画好主筋、分布筋间距。

②按画好的间距，先摆受力主筋，再放分布筋。预埋件电线管、预留孔等及时配合安装。

③钢筋搭接长度、位置的规定应符合规范要求。

④除外围两根筋的交叉点全部绑扎外，其余各点可交错绑扎（双向板相交点须全部绑扎），如板为双层钢筋，两层筋之间须加钢筋马凳，以确保上部钢筋的位置。

⑤绑扎负弯矩钢筋，每个扣均要绑扎。

(6)现浇悬挑雨篷钢筋绑扎。

雨篷板为悬挑式构件，为防止板的倾覆，雨篷板与雨篷梁必须一次整浇。雨篷板的上部受拉，下部受压，雨篷板的受力筋配置在构件断面的上部，并将受力筋伸进雨篷梁内，见图 2-55。

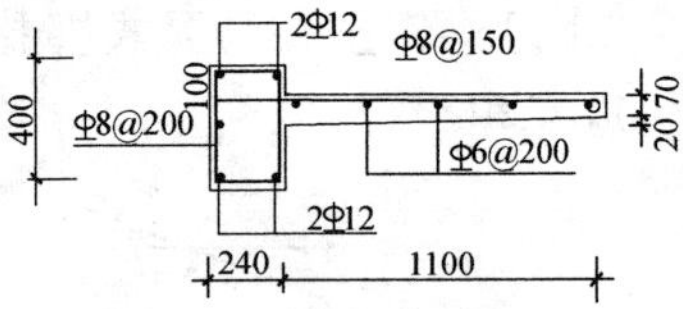

图 2-55 雨篷配筋图

①主、副筋位置应摆放正确，不可放错。

②雨篷梁与板的钢筋应保证锚固尺寸。

③雨篷钢筋骨架在模内绑扎时，不准踩在钢筋骨架上进行绑扎。

④钢筋的弯钩应全部向内。

⑤雨篷板的上部受拉，故Φ 8 钢筋在上，Φ 6 钢筋在下，切勿颠倒。

⑥雨篷板双向钢筋的交叉点均应绑扎，铁丝方向呈八字形。

⑦应垫放足够数量的马凳，确保钢筋位置的准确。

⑧高空作业时要注意安全。

(7)肋形楼盖钢筋绑扎。

钢筋绑扎顺序为：主梁筋→次梁筋→板钢筋。

①处理好主梁、次梁、板三者关系。

②纵向受力钢筋采用双排布置时，两排钢筋之间宜垫以直径≥25mm 的短钢筋，以保持其距离。

③箍筋的接头应交错布置在两根架立钢筋上。

④板上的负弯矩筋，要严格控制其位置，防止被踩下。

⑤板、次梁与主梁的交叉处，板的钢筋在上，次梁的钢筋居中，主梁的钢筋在下，见图 2-56。当有圈梁或垫梁时，主梁的钢筋在上，见图 2-57。

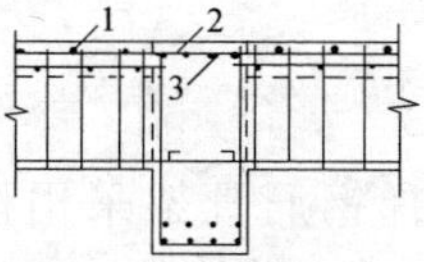

图 2-56　板、次梁与主梁交叉处钢筋

1—板的钢筋；2—次梁钢筋；3—主梁钢筋

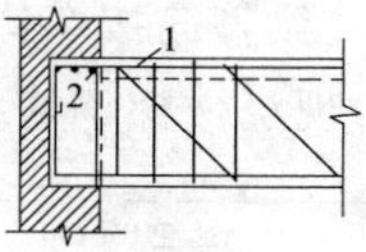

图 2-57　主梁与垫梁交叉处钢筋

1—主梁钢筋；2—垫梁钢筋

(8)梁柱节点钢筋的配制与绑扎。

图 2-58 为梁柱连接点详图，梁的断面尺寸为 240mm×160mm 矩形梁，柱的断面尺寸为 350mm×350mm 方形柱。梁的下部受力筋为 2Φ16 和 1Φ18 弯起，上部受力筋为 3Φ18，其中一根由邻跨弯来；底部 1Φ18 受力钢筋在近柱子处按 45°弯起，上弯点离柱边缘 50mm，弯起钢筋延伸到邻跨距柱边缘 1000mm 处。梁内箍筋为Φ8@150，一直排列到离柱子边缘 50mm 处。柱子为 4Φ22 受力箍筋，下层钢筋伸出上层楼面 800mm。柱箍筋为Φ6@200，在上下柱受力筋搭接范围内为Φ6@100。

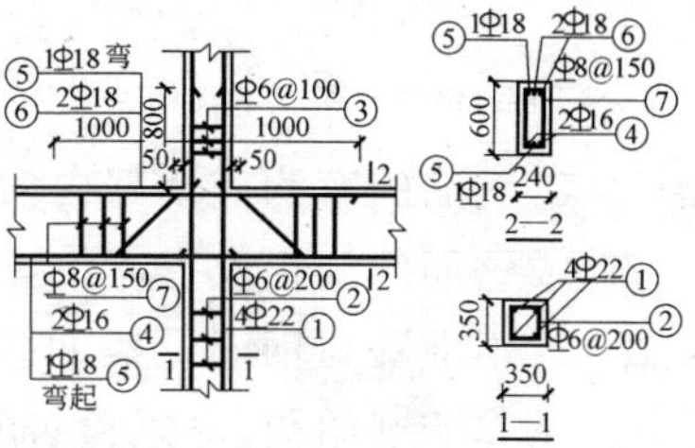

图 2-58　梁、柱节点

绑扎顺序为：支设模板→立下柱钢筋→绑扎下柱箍筋→绑扎上下柱钢筋→绑扎上柱箍筋→从柱主筋内侧穿梁的上部钢筋和弯起钢筋→套梁箍筋→穿入梁底部钢筋→绑扎牢固→检查。

①柱的纵向钢筋弯钩应朝向柱心。

②箍筋的接头应交错布置在柱四个角的纵向钢筋上。

③箍筋转角与纵向钢筋交叉点均应绑扎牢固。

④梁的钢筋应放在柱的纵向钢筋内侧。

⑤柱梁箍筋按弯钩叠合处错开。

(9)现浇楼梯钢筋绑扎。

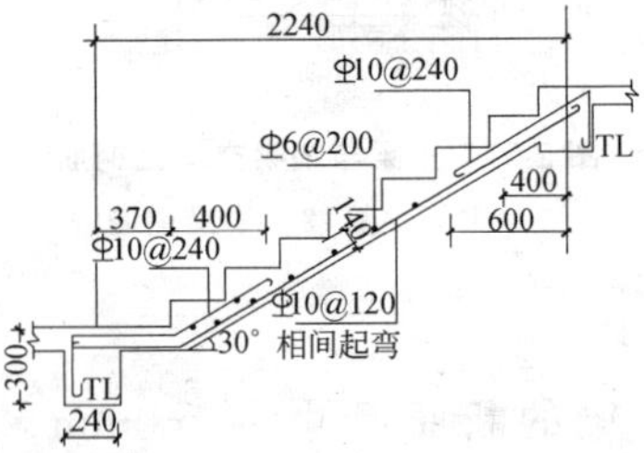

图 2-59 现浇钢筋混凝土楼梯

楼梯钢筋骨架采用模内安装绑扎的方法，即现场绑扎。在绑扎前须仔细研究绑扎的顺序，也就是在绑扎前详细、具体地将穿筋顺序、绑扎次序做好安排(见图 2-59)。

楼梯钢筋骨架的绑扎顺序为：模板上画线→钢筋入模→绑扎受力钢筋和分布筋→检查→成品保护。

①钢筋的弯钩应全部向内。

②钢筋的间距及弯起位置，应画在模板上。

③不准踩在钢筋骨架上进行绑扎。

④作业开始前，必须检查模板及支撑是否牢固。

(10)墙板(双层网片)钢筋绑扎。

绑扎顺序为：立外模并画线→绑扎外侧网片→绑扎内侧网片→绑扎拉筋→安放保护层垫块→设置撑铁→检查→立内模。

①垂直钢筋每段长度不宜超过 4～6m。

②水平钢筋每段长度不宜超过 8m。

③钢筋的弯钩应朝向混凝土。

④采用双层钢筋网时，必须设置直径 6～12cm 的钢筋撑铁，间距 80～100cm，相互错开排列。

(11)地下室(箱形基础)钢筋绑扎。

绑扎地下室钢筋前,应将检查核对好的成形钢筋运至地下底板上,应分部位、按规格型号堆放。

地下室(箱形基础)钢筋绑扎顺序为:运钢筋→绑梁钢筋→绑底板钢筋→绑墙钢筋。

①梁钢筋绑扎。梁钢筋绑扎顺序为:将梁架立筋两端架在骨架绑扎架上→画箍筋间距→绑箍筋→穿梁下层纵向受力主筋→下层主筋与箍筋绑牢→抽出骨架绑扎架,骨架落在梁位置线上→安放垫块。

a. 箍筋弯钩的叠合处应交错绑扎。

b. 如果纵向钢筋采用双排时,两排钢筋之间应垫以直径25mm的短钢筋。

②地下室底板钢筋绑扎。底板钢筋绑扎顺序为:画底板钢筋间距→摆放下层钢筋→绑扎下层钢筋→摆放钢筋马凳(钢筋支架)→绑上层纵横两个方向定位钢筋→画其余钢筋间距→穿设钢筋→绑扎→安放垫块。

a. 底板如有基础梁,可分段绑扎成形,然后安装就位或根据梁位置线就地绑扎成形。

b. 绑扎钢筋时,除靠近外围两行的交叉点全部扎牢外,中间部位的交叉点可相隔交错扎牢,但必须保证受力钢筋不位移。双向受力的钢筋不得跳扣绑扎。

c. 底板上下层钢筋有接头时,应按规范要求错开,其位置和搭接长度均要符合规范和设计要求,钢筋搭接处,应在中心和两端按规定用铁丝扎牢。

d. 墙、柱主筋插铁伸入基础深度要符合设计要求,根据弹好的墙、柱位置,将预留插筋绑扎固定牢固,以确保位置准确,必要时可附加钢筋电焊焊牢墙筋。

③地下室墙筋绑扎。墙筋绑扎顺序参考地下室墙板钢筋绑扎顺序。

a. 在底板混凝土上放线后应再次校正预埋插筋，根据插筋位移程度按规定认真处理；墙模板应采取“跳间支模”，以利钢筋施工。

b. 墙筋应逐点绑扎，其搭接长度及位置要符合设计和规范要求。

c. 双排钢筋之间应绑支撑、拉筋，间距 1000mm 左右，以保证双排钢筋之间的距离。

d. 为保证门窗口标高位置正确，在洞口竖筋上画标高线；洞口处要按设计要求绑附加钢筋，门洞口连梁两端锚入墙内长度要符合设计要求。

e. 各连接点的抗震构造钢筋及锚固长度，均应按设计要求进行绑扎，如首层柱的纵向受力筋伸入地下室墙体深度、墙端部、内外墙交接处的受力筋锚固长度等部位绑扎时要特别注意设计图纸要求。

f. 配合其他工种安装预埋管件、预留洞口，其位置、标高均应符合设计要求。

(12)剪力墙结构大模板内钢筋绑扎。

①施工前的准备：在进行钢筋绑扎前，首先要整理好预留的搭接钢筋，把变形的钢筋调直，若下层预留的伸出钢筋位置偏差较大，应经设计单位签证同意，进行弯折调整。同时，应将松动的混凝土清除。

②墙体钢筋绑扎：墙体钢筋的绑扎，可参考本章中有关墙体钢筋绑扎的内容。

③剪力墙钢筋搭接：水平钢筋和竖向钢筋的搭接要相互错开，搭接要符合设计要求，如设计无明确要求须按规范规定。

④剪力墙钢筋的锚固：

a. 剪力墙的水平钢筋在端部应根据设计要求增加口形铁或暗柱。

b. 剪力墙的水平钢筋“丁”字节点及转角节点的绑扎锚固按设计要求绑扎。

c. 剪力墙的连梁上下水平钢筋伸入墙内的长度，不能小于设计要求。

d. 剪力墙的连梁沿梁全长的箍筋构造要符合设计要求，但在建筑物顶层连梁伸入墙体的钢筋长度范围内，应设置间距不小于 150mm 的构造箍筋。

e. 剪力墙洞口周围应绑扎补强钢筋，其锚固长度应符合设计要求。

⑤预制点焊网片绑扎搭接：网片立起后应用木方临时支撑，然后逐根绑扎根部搭接钢筋，搭接长度要符合规范规定。在钢筋搭接部分的中心和两端共绑三个扣。门窗洞口加固筋需同时绑扎，门口两侧钢筋位置应准确。

⑥与预制外墙板连结：外墙板安装就位后，将本层剪力墙边柱竖筋插入预制外墙板侧面钢筋套环内，竖筋插入外墙板套环内不得少于 3 个，并绑扎牢固。

⑦外墙连接：应将外墙拉结筋与内墙墙体妥善连结，绑扎牢固。

⑧修整：大模板合模之后，对伸出的墙体钢筋进行修整，并绑一道临时水平横筋，固定伸出筋的间距。墙体浇筑混凝土时派钢筋工值班，浇筑完后立即对伸出筋进行调整。

6. 钢筋混凝土桩钢筋笼的制作

(1)钢筋笼结构。

一般情况下，钢筋笼由主筋、箍筋和螺旋筋组成，主筋高出最上面一道箍筋，以便锚入承台，见图 2-60。

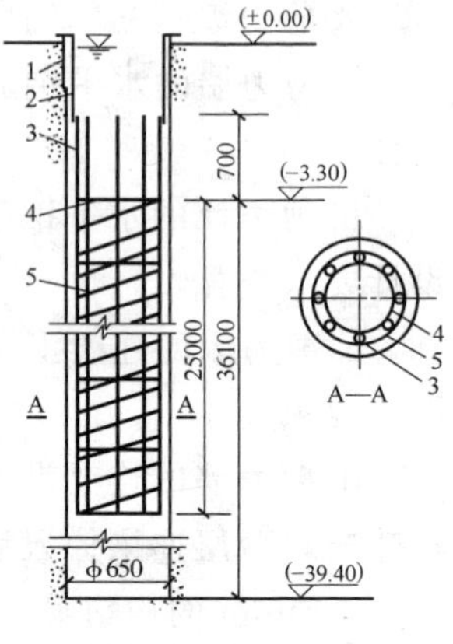

图 2-60 桩身钢筋笼配筋图
1—护筒；2—吊筋；3—主筋；4—箍筋；5—螺旋筋

(2)钢筋笼制作要求。

①钢筋笼所用钢筋规格、材质、尺寸应符合设计要求，钢筋笼的制作偏差应符合规范规定。

②钢筋笼的直径除按设计要求外，还应符合下列规定：

a. 用导管灌注水下混凝土的桩，其钢筋笼内径应比导管连接处的外径大 100mm 以上，钢筋笼的外径应比钻孔直径小 100mm 左右。

b. 沉管灌注桩，钢筋笼外径应比钢管内径小 60～80mm。

③分段制作的钢筋笼，其长度以小于 10m 为宜。

(3)钢筋笼制作方法。

在钢筋圈制作台上制作钢筋圈（箍筋）并按要求焊接。钢筋笼成形可用三种方法。

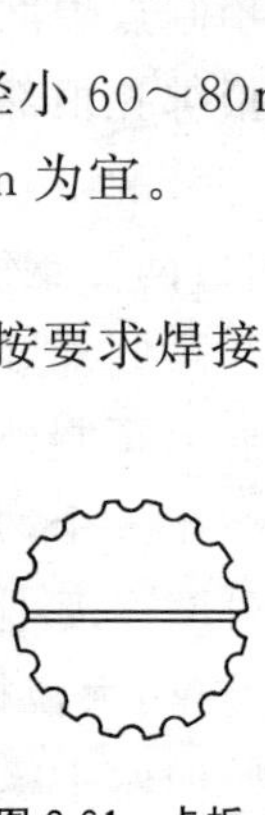

图 2-61 卡板

①木卡板成形法。用 2～3cm 厚木板制成两块半圆卡板。按主筋位置，在卡板边缘凿出支托主钢筋的凹槽，槽深等于主筋直径的一半。制作钢筋笼时，每隔 3m 左右放一螺旋筋或箍筋套入，并用铁丝将其与主筋绑扎牢固。然后，松开卡板与主筋的绑绳，卸去卡板，随即将主筋同螺旋筋或箍筋点焊，一般螺旋筋与主筋之间要求每一螺距内的焊点数不少于一个，相邻两焊点平面投影圆心角尽量接近 90°以保证钢筋笼的刚度，卡板

构造见图 2-61。

②板架成形法。支架分为固定部分和活动部分,见图 2-62。

上下两个半圆支架连在一起,构成一个圆形支架,按钢筋笼长度,每隔 2m 设置,各支架应互相平行,圆心位于同一水平线上。

制作时,把主筋逐根放入凹槽,然后将箍筋按设计位置放于骨架主筋外围,与主筋点焊连接后,将活动支架和固定支架的连接螺栓拆除,从钢筋笼两端抽出活动支架,即可取下整个钢筋笼,然后再绕焊螺旋筋。

③钢管支架成形法(图 2-63)。根据箍筋间隔和位置将钢筋支架和平杆放正、放平、放稳,在每圈箍筋上标出与主筋的焊接位置;按设计间距在平杆上放置两根主筋;按设计间距绑焊箍筋,并注意与主筋垂直;按箍筋上的标记点焊固定其余主筋;按规定螺距套入螺旋筋,绑焊牢固。

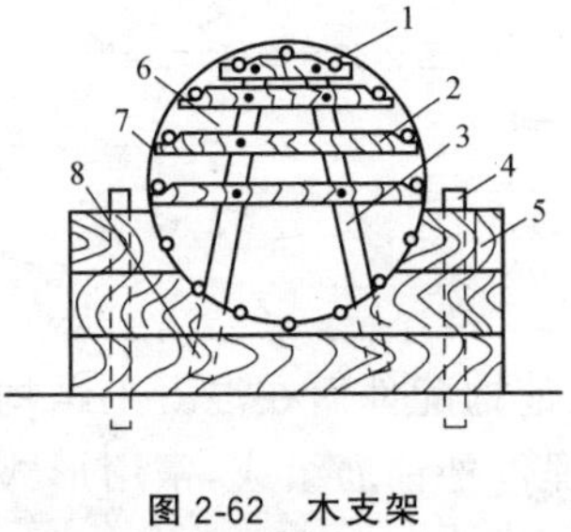

图 2-62　木支架

1—主筋;2—横木条;3—斜木条;4—支柱;5—固定支架;6—铁钉;7—箍筋;8—螺栓

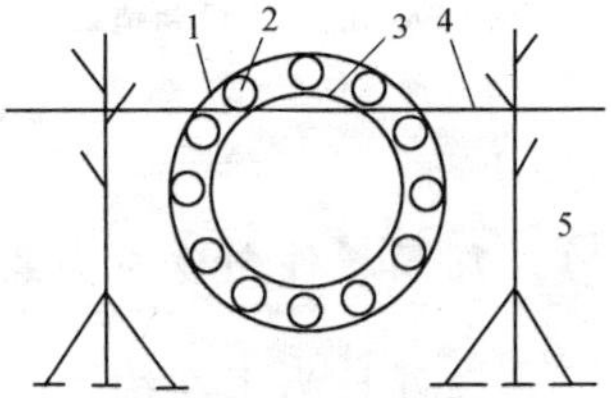

图 2-63　钢管支架成形法示意图

1—箍筋;2—主筋;3—螺旋筋;4—平杆;5—钢管支架

钢筋笼的保护层厚度以设计为准,设计未做规定时,可定为 50～70mm。

下放钢筋笼时,需确保钢筋笼中心与成孔中心重合,使钢筋笼四周保护层均匀一致,钢筋笼保护层的设置方法如下。

①绑扎混凝土预制块。混凝土预制垫块为15cm×20cm×8cm，垫块内应埋设绑丝，见图2-64。

②焊接钢筋混凝土预制垫块，形状同图2-64，不同的是在十字槽底部埋设一根直径6～8mm的钢筋，以便能焊接在主筋或箍筋上。

③焊接钢筋“耳朵”（见图2-65）。钢筋“耳朵”用直径不小于10mm的钢筋弯制而成，长度不小于15cm，高度不小于8cm，焊接在钢筋笼主筋外侧。

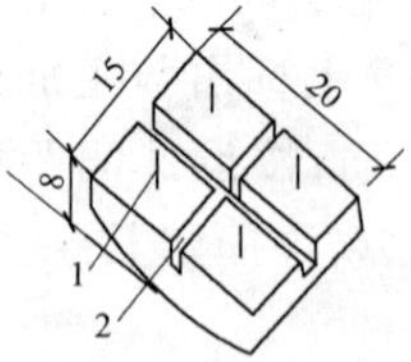

图2-64 混凝土预制垫块

1—预埋铁丝；2—纵槽

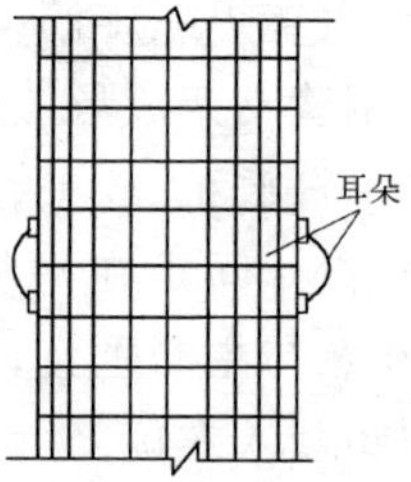

图2-65 钢筋“耳朵”

7. 预埋件制作与安装

预埋件是为了在构件上焊接其他构配件而在混凝土结构中预先埋设的金属加工件，由锚板和埋件外锚筋组成，常用形式见图2-66(a)。

(1)审图时要认真核对图纸上锚固筋的位置是不是与构件各部钢筋的位置有抵触，还要核对预埋件与其他预埋件各自的锚固筋有没有碰撞。

(2)预埋件的锚固筋必须位于构件主筋内侧，这样才能使预埋件得到可靠的锚固。

(3)对于用锚固件（锚固筋或锚固角钢）将两块钢板焊接而

成的预埋件见图 2-66(b),在绑扎钢筋骨架之前,先将这种预埋件安置在钢筋骨架的相应部位,形式较简单的预埋件可以在钢筋骨架绑扎完成后再将预埋件与骨架连接。

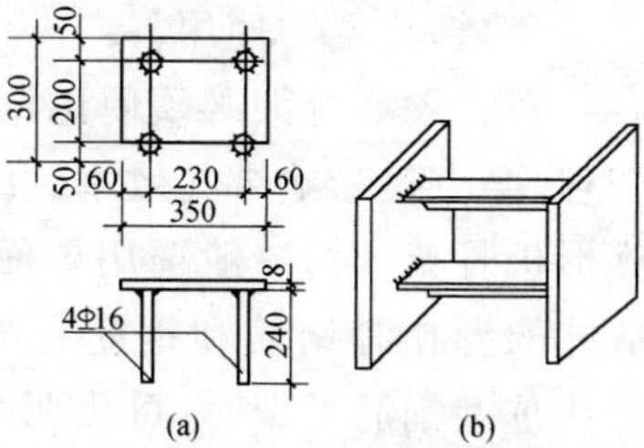

图 2-66　预埋件

(a)尺寸;(b)外形

(4)锚板宜用 HRB300 级钢,锚筋宜用 HRB300 级和 HRB335 级钢筋,不得采用冷加工钢筋。

(5)除受剪预埋件外,锚筋不宜少于 4 根,不宜多于 4 排,直径不宜小于8mm,也不宜大于 25mm。

(6)锚筋的锚固长度应符合规范规定。

8. 钢筋网、钢筋骨架的预制及安装

(1)钢筋网片的预制。

钢筋网片的预制绑扎多用于小型构件。此时,钢筋网片的绑扎多在模内或工作台上预制。

大型钢筋网片的制作程序为:地坪上画线→摆放钢筋→绑扎。

为防止钢筋网片在运输和安装过程中发生歪斜、变形,可采用细钢筋斜向拉结,其形式见图 2-67。

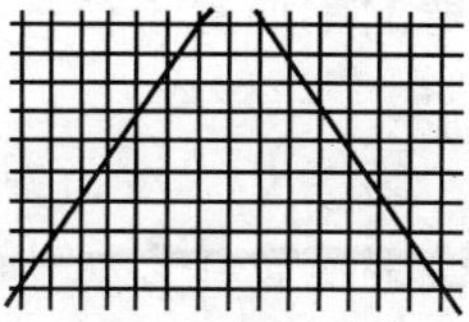

图 2-67　大片钢筋网的预制

钢筋网片作为单向主筋时,只需将外围两行钢筋的交叉点逐点绑扎,而中间部位的交叉点可隔根呈梅花状绑扎;如钢筋网片用作双同主筋时,应将全部的交叉点绑扎牢固。相邻绑扎点的铁丝扣要成八字形,以免网片歪斜变形。

(2)绑扎架的使用。

绑扎钢筋骨架必须使用钢筋绑扎架，钢筋绑扎架构造是否合理，会直接影响绑扎效率。绑扎轻型骨架（例如过梁、空心板、槽形板骨架）时，一般选用单面或双面悬挑的钢筋绑扎架，这种绑扎架绑扎时钢筋和钢筋骨架的穿、取、放、绑扎都比较方便。绑扎重型钢筋骨架时，可用两个三角绑扎架穿一槽杆组成一对，由几对三角架组成一组钢筋绑扎架。由于这种绑扎架是由几个单独的三角架组成的，使用比较灵活，可以调节高度和宽度，稳定性也较好。

(3)钢筋骨架的预制。

钢筋骨架采用预制绑扎的方法比模内绑扎效率高、质量好。由于骨架的刚性大，在运输、安装时也不易发生变形或损坏。步骤和方法以梁为例，见图 2-68。

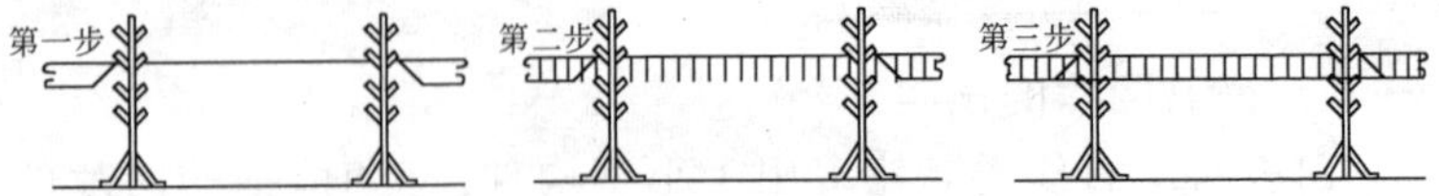

图 2-68　简支梁钢筋骨架绑扎顺序

第一步，布置钢筋绑扎架，安放横杆，并将梁的受拉钢筋和弯起钢筋置于横杆上，受拉钢筋弯钩和弯起钢筋弯起部分朝下。

第二步，从受力钢筋中部往两边按设计图标出箍筋的间距，将全部箍筋自受力钢筋的一端套入，并按间距摆开，与受力钢筋绑扎好。

第三步，绑扎架立钢筋。升高钢筋绑扎架，穿入架立钢筋，并随即与箍筋绑扎牢固。抽去横杆，钢筋骨架落地翻身即为预制好的钢筋骨架。

(4)预制钢筋网、钢筋架的安装。

焊接钢筋网、钢筋架的安装。焊接钢筋网、钢筋架采用绑扎连接时,应符合《混凝土结构工程施工质量验收规范》(GB 50204—2015)的规定。绑扎钢筋网、钢筋架的安装。绑扎钢筋网、钢筋架安装时,应注意以下几点。

①按图施工,对号入座,要特别注意节点组合处的交错、搭接符合规定。

②为防止钢筋网、钢筋架在运输及安装过程中发生歪斜变形,应采取可靠的临时加固措施,见图 2-69。

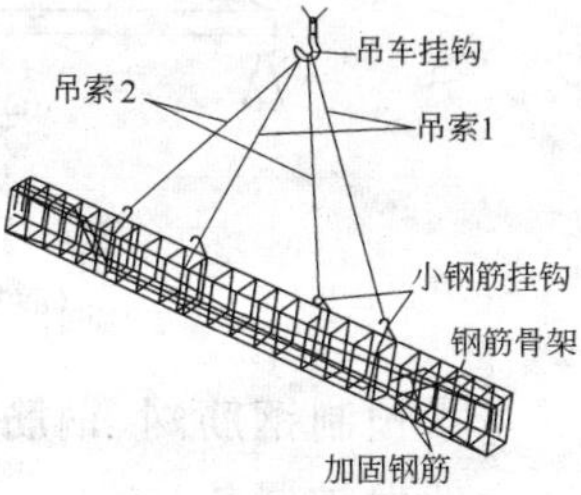

图 2-69　钢筋骨架起吊

③在安装预制钢筋网、钢筋架时,应正确选择吊点和吊装方法,确保吊装过程中的钢筋网、钢筋架不歪斜变形。

a. 较短的钢筋骨架,可采用两端带小挂钩的吊索,在骨架距两端 $1/5l$ 处兜系起吊,见图 2-70(a);较长的骨架可采用四根吊索,分别兜系在距端头 $1/6l$ 和 $2/6l$ 处,使四个吊点均衡受力,见图 2-69。跨度大、刚度差的钢筋骨架宜采用见图 2-70(b)的铁扁担四点起吊方法。

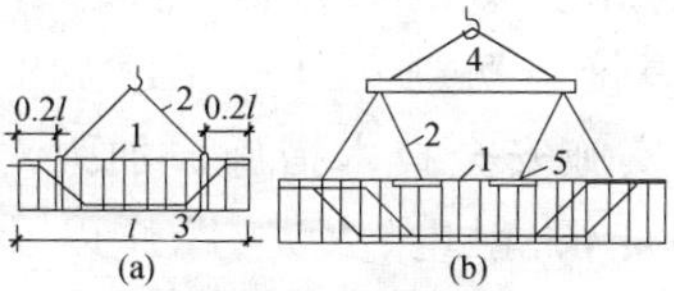

图 2-70　钢筋骨架的绑扎起吊

(a)二点起吊;(b)采用铁扁担四点起吊

1—钢筋骨架;2—吊索;3—兜底索;4—铁扁担;5—短钢筋

b. 为防止吊点处的钢筋受力变形,可采用兜底吊或见图 2-

71的加横吊梁起吊钢筋骨架的方法。

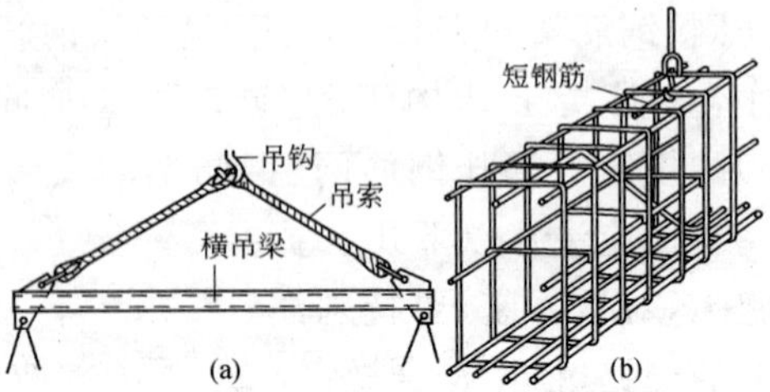

图 2-71 加横吊梁起吊钢筋骨架

(a)加横吊梁；(b)加短钢筋

④预制钢筋网、钢筋架放入模板后，应及时按要求垫好规定厚度的保护层垫块。

六、钢筋工程冬期施工

1. 钢筋的负温焊接

(1)一般规定。

①从事钢筋焊接施工的焊工必须持有焊工上岗证，才能上岗操作。

②对从事钢筋焊接施工的班组及有关人员应经常进行安全生产教育，执行《焊接与切割安全》(GB 9448—1999)中的有关规定，并应制定和实施安全技术措施。加强对焊工的劳动保护措施，且防止发生烧伤、触电、火灾、爆炸以及烧坏焊接设备等事故。

③在工程开工或每批钢筋正式焊接之前，必须进行现场条件下的焊接性能试验。合格后，方可正式生产。试件数量与要求，应与质量检查与验收时相同。

④钢筋焊接接头应分批进行质量检查与验收。首先由焊工

对其所焊接头的外观进行自检，然后再由质检人员进行检验。

⑤雨天、雪天不得在现场进行施焊，必须施焊时，应采取有效遮蔽措施。

⑥焊后未冷却的接头应避免碰到冰雪。

⑦当环境温度低于－20℃时，不宜进行施焊。

(2)钢筋负温焊接操作。

负温下进行钢筋焊接施工，可采用闪光对焊、电弧焊(帮条、搭接、坡口焊)及气压焊、电渣压力焊等焊接方法。

闪光对焊、电弧焊在环境温度低于－15℃的条件下进行时，与常温焊接相比，应调整焊接工艺参数。气压焊、电渣压力焊在负温下进行时，与常温焊接相比，焊接工艺基本相同。

2.钢筋负温闪光对焊

(1)焊接工艺。

在环境温度低于－5℃的条件下进行闪光对焊，宜采用预热闪光焊或闪光—预热—闪光焊工艺。钢筋端面比较平整时，宜采用预热闪光焊；端面不够平整时，宜采用闪光－预热闪光焊。

对于HRB400和HRB500级钢筋，必要时应在焊机上进行焊后热处理，并符合下列要求。

①待接头冷却至常温，应将电极钳口调至最大间距，接头居中，重新夹紧。

②采用最低变压器级数，进行脉冲式通电加热。包括通电和停歇时间，每次约3s。

③焊后热处理温度应在750～850℃，随后应在环境温度下自然冷却。当螺丝端杆与钢筋对焊时，宜事先对螺丝端杆进行预热，并适当减小调伸长度。钢筋一侧的电极应适当垫高，确保

两者轴线一致。

(2)焊接参数。

闪光—预热—闪光焊留量图解见图 2-72。

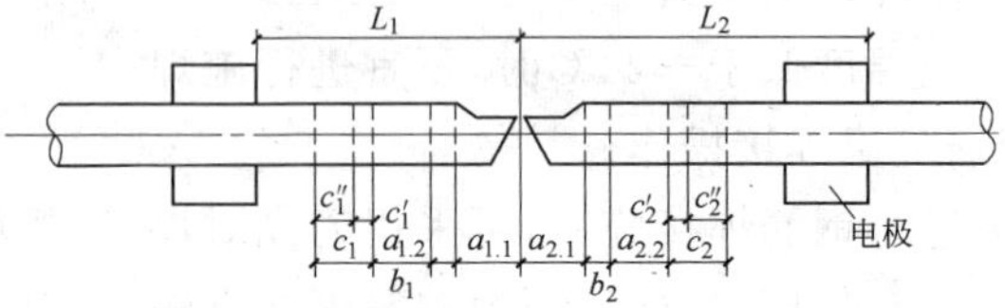

图 2-72 钢筋闪光—预热—闪光焊留量图解

L_1、L_2—调伸长度；$a_{1\cdot1}+a_{2\cdot1}$—一次烧化留量；

$a_{1\cdot2}+a_{2\cdot2}$—二次烧化留量；b_1+b_2—预热留量；

c_1+c_2—顶锻留量；$c'_1+c'_2$—有电顶锻留量；$c''_1+c''_2$—无电顶锻留量

因为热轧钢筋与余热处理钢筋焊接的要求不同：热轧钢筋焊接热影响区长度控制宜长，尤其对 HRB 400 级钢筋，以减小温度梯度和延缓冷却速度；余热处理钢筋焊接热影响区长度控制宜短，以使冷却速度加快，所以应注意合理选择下述焊接参数。

①调伸长度。以顶锻不产生旁弯为准，并宜采用较大的调伸长度(余热处理钢筋应适当减小)。

②变压器级数。以闪光顺利为准，宜采用较低的变压器级数(余热处理钢筋应适当提高)。

③烧化留量。一次烧化留量等于两钢筋在断料时端面的不平整度加切断机刀口严重压伤部分。二次烧化留量不小于 10mm。

④预热留量。预热程度的控制，宜采取预热留量和预热次数相结合的办法。预热留量：热轧钢筋为 1～3mm，余热处理钢筋为 1～2mm；预热次数：热轧钢筋为 1～5 次，余热处理钢筋应

为1～4次；每次接触预热时间应为1.5～2s，间歇时间应为3～4s，为接触预热时间的一倍以上。

⑤顶锻留量。顶锻留量应为4～13mm（其中，有电顶段留量约占1/3）。并应随钢筋直径的增大和钢筋级别的提高而增加。

3. 钢筋负温电弧焊

根据钢筋级别、直径、接头形式和焊接位置，选择适宜的焊接工艺和焊接参数。在环境温度低于－5℃的条件下进行钢筋电弧焊时，宜采用多层控温施焊工艺，与常温焊接相比，宜增大焊接电流，减低焊接速度。既要防止焊后冷却速度过快，也要防止接头过热。焊接过程中应及时清渣，焊缝表面应光滑，焊缝余高应平缓过渡，弧坑应填满。焊接工艺应符合下列要求：

(1)帮条及搭接焊。

①帮条焊时，帮条与主筋之间应用4点定位焊固定；搭接焊时，应用两点定位焊固定。定位焊缝距帮条端部或搭接端部的距离应大于20mm。

②焊接时，应在帮条焊或搭接焊形成的焊缝中引弧；在端头收弧前应填满弧坑。并应使主焊缝与定位焊缝始端熔合良好。

帮条焊或搭接焊时，第一层焊缝应在中间引弧，平焊时，应从中间向两端施焊；立焊时，应先从中间向上端施焊，再从下端向中间施焊。以后各层焊缝，采取控温施焊，层间温度宜控制在150～350℃之间。

③帮条接头或搭接接头的焊缝厚度 s 应不小于0.3倍钢筋直径，焊缝宽度 b 不应小于主钢筋直径的0.8倍，见图2-73。

④热轧钢筋多层施焊时，可采用回火焊道施焊；回火焊道的长度宜比前焊道在两端后缩4～6mm，见图2-74(a)及图2-74(b)。

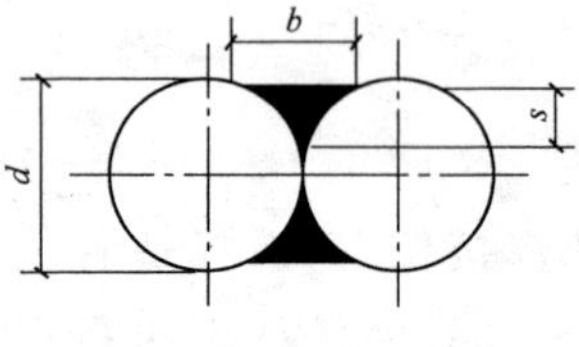

图 2-73 焊缝尺寸示意图

b—焊缝宽度；s—焊缝厚度；
d—钢筋直径

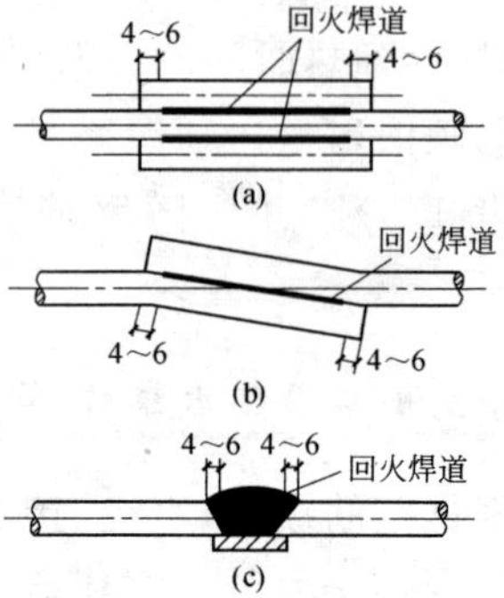

图 2-74 钢筋负温电弧焊回火焊道示意图

(a)帮条焊；(b)搭接焊；(c)坡口焊

(2)坡口焊。

①焊缝根部、坡口端面以及钢筋及钢板之间均应熔合良好。焊接过程中应经常清渣。钢筋与钢垫板之间，应加焊二、三层侧面焊缝。

②为防止接头过热，采用几个接头轮流进行施焊。

③焊缝的宽度应超过 V 形坡口边缘 2～3mm，余高亦为2～3mm，并平缓过渡至钢筋表面。焊缝余高应分两层控温施焊。

④热轧钢筋多层施焊时，焊后可采用回火焊道施焊，其回火焊道的长度比前一焊道在两端后缩 4～6mm，见图 2-74(c)。

⑤若发现接头中有弧坑、气孔及咬边等缺陷，应立即补焊。HRB 400 钢筋接头冷却后补焊时，需用氧乙炔焰预热。

4. 钢筋负温气压焊

(1)在负温下施工时，对气源设备应采取保温防冻措施，当温度低于－15℃时，应对接头采取预热和保温缓冷措施；当现场风速超过 5.4m/s 时，应采取挡风措施。

(2)氧气的质量应符合《工业氧》(GBT 3863—2008)规定的要求，其纯度应大于 99.2%，乙炔的质量应符合《溶解乙炔》(GB 6819—2004)规定的要求，其纯度应大于 98%。

(3)主要设备及要求应符合下列规定。

①供气装置：应包括氧气瓶、溶解乙炔气瓶(或中压乙炔发生器)、干式回火防止器、减压器及胶管等。氧气瓶和溶解乙炔气瓶的供气能力应满足现场最大直径钢筋焊接时供气量的要求，当不敷使用时，可多瓶并联使用。

②多嘴环管加热器：氧乙炔混合室的供气量应满足加热圈气体消耗量的需要。多嘴环管加热器应配备多种规格的加热圈，多束火焰应燃烧均匀，调整火焰应方便。

③加压器：应包括油泵、油管、油压表、顶压油缸等，加压能力应达到现场最大直径钢筋焊接时所需要的轴向压力。

④焊接夹具：应夹紧钢筋。当钢筋承受最大轴向压力时，钢筋与夹头之间不得产生相对滑移；应便于钢筋的安装定位，并在施焊过程中保持刚度；动夹头应与定夹头同心，并且当不同直径钢筋焊接时，也应保持同心。动夹头应保证现场最大直径钢筋焊接时所需要的足够有效行程。

5. 钢筋负温电渣压力焊

(1)负温焊接与常温焊接相比，应适当增加焊接电流、通电时间及接头保温时间。

(2)当电源电压下降大于 5%时，不宜进行焊接。

(3)焊剂可采用 HJ431 或其他性能合适的焊剂。

焊剂应存放在干燥的库房内，当受潮时，在使用前应经 250～300℃烘焙 2h。

使用中回收的焊剂应清除熔渣等杂物，并与新焊剂混合均匀后使用。

(4)宜采用次级空载电压较高的交流或直流焊接电源，焊机容量应根据所焊钢筋直径确定。

(5)焊接夹具应具有刚度，在最大允许载荷下移动灵活，操作便利，焊剂罐的直径应与所焊钢筋直径相适应。电压表、时间显示器应配备齐全。

七、钢筋工程质量控制与验收

1. 钢筋加工质量控制与验收

(1)除锈。

①钢筋的表面应洁净。油渍、漆污和用锤敲击时能剥落的浮皮、铁锈等应在使用前清除干净。在焊接前，焊点处的水锈应清除干净。

②在除锈过程中，钢筋表面氧化铁皮鳞落现象严重并已损伤钢筋截面，或在除锈后钢筋表面有严重的麻坑、斑点锈蚀截面时，应将钢筋降级使用或剔除不用。

(2)调直。钢筋应平直，无局部弯曲。

(3)切断。

①在切断过程中，如发现钢筋有劈裂、缩头或严重的弯头等，必须切除。

②用于在墙体模板内起顶模作用的顶棍，端头用无齿锯切割并刷防锈漆。

(4)弯曲成型。钢筋成型形状要正确，平面上不应有翘曲不平现象；弯曲点处不能有裂缝。

2. 钢筋电渣压力焊接连接质量控制与验收

(1)焊接夹具应有足够的刚度，在最大允许荷载下应移动灵活，操作方便。钢筋夹具的上下钳口应夹紧于上、下钢筋上；钢筋一经夹紧，不得晃动。

(2)焊剂筒的直径与所焊钢筋直径相适应，以防在焊接过程中烧坏。电压表、时间显示器应配备齐全，以便操作者准确掌握各项焊接参数；检查电源电压，当电源电压降大于5%的，则不宜进行焊接。

(3)接头焊毕，应停歇20～30s后，方可回收焊剂和卸下夹具，并敲去渣壳，四周焊包应均匀，凸出钢筋表面的高度应大于或等于4mm。

(4)电渣压力焊接头质量要求。

①四周焊包应均匀，凸出钢筋表面的高度不应小于4mm。

②钢筋与电极接触处，应无烧伤缺陷。

③接头处钢筋轴线的偏移不得超过钢筋直径的0.1倍，且不得大于2mm。

④接头处的弯折角不得大于3°。

3. 钢筋闪光对焊连接质量控制与验收

(1)对焊前，应清除钢筋与电极表面的锈皮和污泥，使电极接触良好，以避免出现“打火”现象。

(2)不同直径的钢筋对焊时，其直径之比不宜大于1.5；同时除应按大直径钢筋选择焊接参数外，并应减小大直径钢筋的调伸长度，或利用短料先将大直径钢筋预热，以使两者在焊接过程中加热均匀，保证焊接质量。

(3)一般闪光速度开始时近于0，而后约1mm/s，终止时约

1.5～2mm/s;顶锻速度开始的0.1s应将钢筋压缩2～3mm,而后断电并以6mm/s的速度继续顶锻至结束;顶锻压力应足以将全部的熔化金属从接头内挤出。

(4)钢筋端头如有起弯或成马蹄形时不得进行焊接,必须调直或切除。

(5)钢筋端头120mm范围内的铁锈、油污,必须清除干净。

(6)焊接过程中,粘附在电极上的氧化铁要随时清除干净。

(7)接头处不得有横向裂纹。

(8)与电极接触处的钢筋表面,不得有明显烧伤。

(9)接头处的弯折角不得大于3°。

(10)接头处的轴线偏移,不得大于钢筋直径的0.1倍,且不得大于2mm。

4. 钢筋电弧焊接连接质量控制与验收

(1)帮条焊。

①帮条焊时,两主筋端面的间隙应为2～5mm。

②焊接地线与钢筋应接触紧密。

③帮条焊接头的焊缝厚度 h 不应小于主筋直径的0.3倍,焊缝宽度 b 不应小于主筋直径的0.8倍。

(2)搭接焊。

①搭接焊时,焊接端钢筋应预弯,并应使两钢筋的轴线在一直线上。

②钢筋搭接焊接头的焊缝厚度、宽度要求同帮条焊。

(3)预埋件T形接头电弧焊。

①钢板厚度 δ 不宜小于钢筋直径的0.6倍,且不应小于6mm。

②施焊中,不得使钢筋咬边和烧伤。

(4)坡口焊。

①坡口面应平顺,切口边缘不得有裂缝、钝边、缺棱。

②焊缝根部、坡口端面以及钢筋与钢板之间均应熔合。钢筋与钢垫板之间,应加焊2～3层侧面焊缝。

③当发现接头中有弧坑、气孔及咬边等缺陷时,应立即补焊。

(5)焊缝表面应光滑,焊缝余高应平缓过渡,弧坑应填满。

(6)焊接过程中应有足够的熔深。主焊缝与定位焊缝应结合良好,避免气孔、夹渣和烧伤缺陷,并防止产生裂缝。

(7)电弧焊接头质量要求。

①焊接表面平整,不得有凹陷或焊瘤。

②焊接接头区域内不得有肉眼可见裂纹。

③咬边深度、气孔、夹渣等缺陷允许值及接头尺寸的允许偏差,应符合检验标准规定。

④坡口焊接头的焊缝余高不得大于3mm。

5. 带肋钢筋径向挤压连接质量控制与验收

(1)应按挤压标记检查钢筋插入套筒内深度,钢筋端头离套筒长度中点不宜超过10mm。

(2)挤压时挤压机与钢筋轴线应保持垂直。

(3)压接钳施压顺序由钢套筒中部顺次向端部进行。

(4)钢筋挤压连接宜先在地面上挤压一端套筒,在施工作业区插入待接钢筋后再挤压另端套筒。

(5)柱子钢筋接头要高出混凝土面1m,以利钢筋挤压连接有一定的操作空间。

6. 镦粗直螺纹钢筋套筒连接质量控制与验收

（1）钢筋下料。钢筋下料时，切口的端面应与轴线垂直，不得有马蹄形或挠曲。

（2）端头镦粗。操作中要保证镦粗头与钢筋轴线倾斜不得大于 3°，不得出现与钢筋轴线相垂直的横向裂缝。发现外观质量不符合要求时，应及时割除，重新镦粗。

（3）螺纹加工。钢筋螺纹应牙形饱满，无断牙、秃牙等缺陷。

（4）镦粗直螺纹连接。

①钢筋连接时连接套规格与钢筋规格必须一致，外露丝扣不得超过一个完整扣。连接之前应检查钢筋螺纹及连接套螺纹是否完好无损。

②镦粗头的基圆直径应大于丝头螺纹外径，长度应大于1.2倍套筒长度，过渡段坡度应不大于1∶3。

③镦粗头不得有与钢筋轴线相垂直的横向表面裂纹。

④不合格的镦粗头，应切去后重新镦粗。不得对镦粗头进行二次镦粗。

⑤单向拉伸试验应符合国家现行标准规定。

7. 钢筋滚压直螺纹套筒连接质量控制与验收

（1）连接钢筋时，钢筋规格和套筒规格必须一致，钢筋和套筒的丝扣应干净、完好无损。

（2）钢筋端头挤压部分的长度为套筒长度的 $1/2+2P$（P 为螺距）。

（3）检查连接丝头定位标色及管钳旋合是否顶紧，外露丝扣牙数是否满足规定。

（4）连接水平钢筋时，必须将钢筋托平。

(5)钢筋接头处的混凝土保护层厚度应满足受力钢筋保护层最小厚度的要求,且不得小于15mm。

(6)钢筋的弯折点与接头套筒端部距离不宜小于200mm,且带长套丝接头应设置在弯起钢筋平直段上。

(7)被连接的两钢筋端面应处于连接套筒的中间位置,偏差不大于一个螺距,两钢筋端面应顶紧。

(8)用工作扳手抽检接头的拧紧程度,并加标记,如有不合格,应全数检查。

8.基础钢筋绑扎质量控制与验收

(1)钢筋网的绑扎。受力钢筋不得位移。双向主筋的钢筋网,须将全部钢筋相交点扎牢。相邻绑扎点的铁丝扣要成八字形,以免网片歪斜变形。

(2)钢筋的弯钩应朝上,不要倒向一边;双层钢筋网的上层钢筋弯钩应朝下。

(3)独立柱基础为双向弯曲,其底面短边的钢筋应放在长边钢筋的上面。

(4)现浇柱与基础连接用的插筋,其箍筋应比柱的箍筋缩小一个柱筋直径,插筋位置一定要固定牢靠,以免造成柱轴线偏移。

(5)施工中要保证钢筋保护层厚度准确,双排钢筋要保证上下两排筋的距离。

(6)钢筋接头位置及接头面积百分率要符合设计及施工验收规范要求。

(7)钢筋布放位置要准确,绑扎要牢固。

(8)大型设备基础钢筋安装。钢筋绑扎不得有错漏或间距不符、绑扎不牢等现象;基坑内积水、污泥、垃圾及沾在钢筋上的泥土，应清除干净。

9. 框架结构钢筋绑扎质量控制与验收

(1)柱钢筋绑扎。

①柱预留钢筋位置应符合设计要求。

②采用绑扎形式立柱子钢筋，在搭接长度内，绑扣不少于3个，绑扣要向柱中心。

③箍筋与主筋要垂直并紧密贴实，箍筋转角处与主筋交点均要绑扎，主筋与箍筋非转角部分的相交点成梅花形交错绑扎。

④箍筋的弯钩叠合处应沿柱筋交错布置，并绑扎牢固。

⑤钢筋保护层应符合设计要求，垫块应绑扎在柱筋外皮。

(2)梁钢筋绑扎。

①框架梁上部纵向钢筋应贯穿中间节点，梁下部纵向钢筋伸入中间节点锚固长度、伸过中心线的长度及梁纵向钢筋在端节点的锚固长度应符合设计和规范要求。

②箍筋在叠合处的弯钩，在梁中应交错绑扎，箍筋弯钩为135°，平直部分长度为$10d$，做成封闭箍时，单面焊缝长度为$10d$。

③在主次梁所有接头末端与钢筋弯折出的距离，不得小于钢筋直径的10倍。

(3)墙钢筋绑扎。

①墙筋为双向受力钢筋，所有钢筋交叉点应逐点绑扎，其搭接长度及位置要符合要求。

②应在门窗洞口竖筋上画出标高线，以保证门窗洞口标高位置准确。

③剪力墙筋应逐点绑扎，双排钢筋之间应绑拉筋或支撑筋。

(4)板钢筋绑扎。

①板为双层钢筋时，两层钢筋之间必须加钢筋马凳，以确保

上部钢筋位置。负弯矩钢筋每个相交点均要绑扎。

②板的钢筋网绑扎应注意板上部的负筋，要防止被踩下；特别是雨篷、挑檐、阳台等悬臂板，要严格控制负筋位置，以免拆模后断裂。

10. 剪力墙结构墙体钢筋绑扎质量控制与验收

(1)强筋为双向受力钢筋，所有钢筋交叉点应逐点绑扎，其锚固长度、搭接长度及错开要求应符合工程一览表的要求。

(2)严格执行钢筋“七不绑”要求。

①未放 4 条线(墙柱皮线、模板外、50mm 控制线)不绑。

②未清除混凝土接槎部位全部浮浆到露石子不绑。

③未清理污筋不绑。

④未检查偏位筋不绑。

⑤偏位筋未按 1∶6 调正不绑。

⑥甩槎筋长度、错开百分比、错开长度不合格不绑。

⑦接头质量不合格不绑。

(3)钢筋保护层垫块不得绑在钢筋十字交叉点上。

11. 砌筑工程构造柱、圈梁钢筋绑扎质量控制与验收

(1)构造柱钢筋绑扎。

①放置竖筋时，柱脚始终朝一个方向，竖筋超过四根时，应错开放置。

②箍筋与受力钢筋保持垂直；箍筋弯钩叠合处，应沿受力钢筋方向错开放置。箍筋绑扎应水平、稳固。

(2)圈梁钢筋绑扎。

①箍筋弯钩叠合处，应沿圈梁主筋方向互相错开设置。

②圈梁钢筋应互相交圈，在内外墙交接处、墙大角转角处的

锚固长度均要符合设计和规范要求。

③构造柱伸出筋与圈梁钢筋应绑扎牢固，伸出筋处应绑一道定位箍筋，以防止伸出钢筋位移。

12. 冷轧带肋钢筋网安装质量控制与验收

(1)严格按布置图的网片编号进行安装，保证安装位置准确。

(2)楼板网片钢筋伸入支座处的锚固长度及两块钢筋网片的搭接长度必须符合设计要求及施工规范的规定。

(3)所有埋件不得和钢筋网片上的钢筋直接进行焊接。

(4)绑扎门窗洞口处加固筋，要求位置准确。

(5)钢筋网最外边钢筋上的交叉点不得开焊。钢筋表面应保持清洁。

八、钢筋工程成品保护措施

(1)放入仓库内或棚内保管：钢筋堆放在仓库或料棚内。如条件不具备，可露天堆放，但必须选择地势较高、土质坚硬、较平坦的场地，场地不得有杂草。露天堆放场地或仓库等四周应挖排水沟，以利泄水，防止钢筋在潮湿的空气中迅速发生电解反应而锈蚀。堆放钢筋时，下面应加垫木，离地距离不小于 200mm，以便通风，防止钢筋锈蚀和污染。垫木的安放距离视钢筋堆放的数量而定，一般每隔 2m 左右安放一块垫木。

(2)分别挂牌堆放：加工成型的钢筋应按规格、型号分别挂牌堆放，挂牌的尺寸为 50mm×80mm，牌上注明构件名称、配置部位、钢筋型号、尺寸、钢筋型号、直径、根数。同一项工程同一构件的钢筋堆放在一起，不能将几项工程的钢筋混放在一起，以免混淆，造成工程质量事故或影响工程进度。

(3)垛间留出通道:钢筋堆垛间留出足够的通道,通道的宽度不小于1000mm,方便查找、取运和堆放,禁止钢筋二次加工。

(4)钢筋防腐蚀和锈蚀:钢筋不得与酸、盐、油等物品存放在一起。堆放钢筋地点附近不得有有害气体源,以防止腐蚀钢筋。

(5)专人管理:钢筋应设专人管理,建立严格的验收、保管、领取和发放的管理制度。

(6)在运输和安装钢筋时,应轻装轻卸,不得随意抛掷和碰撞,防止钢筋变形。

(7)电渣压力焊时,不能过早拆卸夹具,以免造成接头弯曲变形;焊后,不得敲砸钢筋头,不准往刚焊好的接头上浇水冷却。

(8)楼板的弯起筋、负钢筋绑好后,不准在上面踩踏行走,钢筋绑扎成型后,搭设跳板专门供施工人员走动。浇筑混凝土时派钢筋工专门负责修理,保证负弯筋位置的正确性。

(9)绑扎钢筋时禁止碰动预埋件及洞口模板。

(10)钢模板内涂抹隔离剂时不要污染钢筋。

(11)安装电线管、暖卫管或其他设施时,不得任意切断和移动钢筋。

(12)半成品钢筋进入绑扎现场前,做好防锈保护措施;有锈蚀的钢筋,在后台先进行清理,清理干净,经过预检以后,才可以进入绑扎现场。

(13)钢筋绑扎前,钢筋工先检查钢筋加工的规格、尺寸是否符合图纸要求,有疑问时,及时向项目有关人员进行反映,然后检查钢筋加工的外观质量,在运输过程中有无破坏情况,如果有,及时向有关人员提出。

(14)钢筋绑扎过程中,搭设架子进行绑扎,一次绑扎到位;钢筋成型后,严禁进行蹬踏。

(15)水电施工过程中,严禁踩钢筋进行施工,必须搭架子进行施工，有破坏钢筋的情况出现时，结构队有权进行制止，并反馈到项目部，项目部将对有关队伍进行不低于2000元的罚款。

(16)水电施工时，严禁在钢筋主筋上施焊，严禁随意烧钢筋，穿套管时，钢筋移位后及时进行调整。

(17)在加固模板时，顶模撑严禁焊在受力主筋上，可以附加钢筋进行焊接。

(18)浇筑混凝土时，必须有专人看护钢筋，钢筋移位后，及时进行调整。

(19)浇筑混凝土结束后，及时对钢筋进行清理。

(20)绑钢筋时严禁碰撞水电预埋件，如碰动及时通知相关专业人员进行重新安装、调整。

(21)保证预埋电线管等位置准确，如发生冲突时，可将竖向钢筋沿平面左右弯曲，横向钢筋上下弯曲，绕开预埋管。但一定要保证钢筋保护层的厚度，严禁任意切割钢筋，钢筋弯曲后，在间距偏大范围内，另加钢筋进行补强。

(22)各工种操作人员在施工本专业内容时，必须搭设架子进行操作，施工过程中没有项目相关人员的同意，不得随意割断钢筋。

(23)在钢筋绑扎过程时，不能在混凝土没有达到上人强度(1.2MPa)前堆放钢筋。钢筋堆放过程中，必须轻放，不能破坏混凝土面。钢筋调整过程中，不能破坏外墙保温板。

第3部分　钢筋工岗位安全常识

一、钢筋工施工安全基本知识

1. 施工现场安全生产的基本特点

（1）建筑产品的多样性。建筑结构是多样的，有混凝土结构、钢结构、木结构等；规模是多样的，从几百平方米到数百万平方米不等；建筑功能和工艺方法也同样是多样的。

建造不同的建筑产品，对人员、材料、机械设备、防护用品、施工技术等有不同的要求，而且建筑现场环境也千差万别，这些差别决定了建设过程中总会面临新的建筑安全问题。

（2）施工条件的多变性。随着施工的推进，施工现场会从最初的地下十几米的深基坑变成耸立几百米的大楼，建设过程中的周边环境、作业条件、施工技术都在不断变化，包含着较高的风险。

（3）施工环境的危险性。建筑施工的高耗能、施工作业的高强度、施工现场的噪声、热量、有害气体和尘土等，以及施工工作露天作业，这些都是工人经常面对的不利工作环境的负荷。严寒和高温使得工人体力和注意力下降，雨雪天气会导致工作面的湿滑，这些都容易导致事故的发生。

（4）施工人员的流动性。建筑业属于劳动密集型行业，需要大量的人力资源。工人与施工单位间的短期雇佣关系，造成施工单位对施工作用培训严重不足，使得施工人员违章操作时有发生。

2. 工人上岗的基本安全要求

（1）新工人上岗前必须签订劳动合同，《中华人民共和国劳动法》规定：建立劳动关系应当订立劳动合同。劳动合同是劳动者与用人单位确立劳动关系、明确双方权利和义务的协议。

（2）新工人上岗前的“三级”教育记录。

新进场的劳动者必须经过上岗前的“三级”安全教育，即：公司教育、项目部教育、班组教育。教育时间分别不少于 15 学时、15 学时、20 学时。有条件的企业应建立“民工安全流动学校”加强对职工的安全教育，经统一考核、统一发证后，方可上岗。

（3）重新上岗、转岗应接受安全教育。

转换工作岗位和离岗后重新上岗人员，必须重新经过“三级”安全教育后才允许上岗工作。同时各个工种（瓦工、木工、钢筋工、中小型机械操作工等）应熟悉各自的安全操作规程。

（4）特种作业是指对操作者和其他工种作业人员以及对周围设施的安全有重大危险因素的作业。特种作业人员包括：电工、锅炉司炉工、起重工（包括各种起重司机、起重指挥和司索人员）、压力容器工、金属焊接（气割）工、安装拆卸工、场内机动车辆驾驶和建筑登高架设人员等。

（5）特种作业操作证，每两年复审一次。连续从事本工种 10 年以上的，经用人单位进行知识更新教育后，复审时间可延长至每四年一次。

（6）《中华人民共和国劳动法》规定：从事特种作业的劳动者，必须经过专门培训，并取得特种作业资格。

3. 进入施工现场的基本安全纪律

(1)进入施工现场必须戴好安全帽，系好帽带，并正确使用个人劳动防护用品。

(2)穿拖鞋、高跟鞋、赤脚或赤膊不准进入施工现场。

(3)未经安全教育培训合格不得上岗，非操作者严禁进入危险区域；特种作业必须持特种作业资格证上岗。

(4)凡2m以上的高处作业无安全设施，必须系好安全带；安全带必须先挂牢后再作业。

(5)高处作业材料和工具等物件不得上抛下掷。

(6)穿硬底鞋不得进行登高作业。

(7)机械设备、机具使用，必须做到“定人、定机”制度；未经有关人员同意，非操作人员不得使用。

(8)电动机械设备，必须有漏电保护装置和可靠保护接零，方可启动使用。

(9)未经有关人员批准，不得随意拆除安全设施和安全装置；因作业需要拆除的，作业完毕后，必须立即恢复。

(10)井字架吊篮、料斗不准乘人。

(11)酒后不准上班作业。

(12)作业前应对相关的作业人员进行安全技术交底。

二、现场施工安全操作基本规定

1. 杜绝“三违”现象

员工遵章守纪，是实现安全生产的基础。员工在生产过程中，不仅要有熟练的技术，而且必须自觉遵守各项操作规程和劳动纪律，远离“三违”，即违章指挥、违章操作、违反劳动纪律。

(1)违章指挥。企业负责人和有关管理人员法制观念淡薄，缺乏安全知识，思想上存有侥幸心理，对国家、集体的财产和人民群众的生命安全不负责任。明知不符合安全生产有关条件，仍指挥作业人员冒险作业。

(2)违章作业。作业人员没有安全生产常识，不懂安全生产规章制度和操作规程，或者在知道基本安全知识的情况下，在作业过程中，违反安全生产规章制度和操作规程，不顾国家、集体的财产和他人、自己的生命安全，擅自作业，冒险蛮干。

(3)违反劳动纪律。上班时不知道劳动纪律，或者不遵守劳动纪律，违反劳动纪律进行冒险作业，造成不安全因素。

2. 牢记“三宝”和“四口、五临边”

(1)“三宝”指安全帽、安全带、安全网。安全帽、安全带、安全网是工人的三件宝，只有正确佩戴和使用，才可以保证个人安全。

(2)“四口”指楼梯口、电梯井口、预留洞口、通道口。“五临边”是指尚未安装栏杆的阳台周边、无外架防护的层面周边、框架工程楼层周边、上下跑道及斜道的两侧边、卸料平台的侧边。

“四口、五临边”是施工现场最危险和最容易发生事故的地方，因此对施工现场重要危险部位进行正确的防护，可以有效地减少事故发生，为工人作业提供一个安全的环境。

3. 做到“三不伤害”

“三不伤害”是指不伤害自己、不伤害他人、不被他人伤害。

施工现场每一个操作人员和管理人员都要增强自我保护意识，同时也要对安全生产自觉负起监督的责任，才能达到全员安全的目的。

施工时经常有上下层或者不同工种、不同队伍互相交叉作业的情况，要避免这时候发生危险。相互间协调好，上层作业时，要对作业区域围蔽，有人值守，防止人员进入作业区下方。此外落物伤人，也是工地经常发生的事故之一，进入施工现场，一定要戴好安全帽。作业过程中，观察周围，不伤害他人，也不被他人伤害，这是工地安全的基本原则。自己不违章，只能保证不伤害自己，不伤害别人。要做到不被别人伤害，就要及时制止他人违章。制止他人违章既保护了自己，也保护了他人。

4. 加强"三懂三会"能力

"三懂三会"即懂得本岗位和部门有什么火灾危险性，懂得灭火知识，懂得预防措施；会报火警，会使用灭火器材，会处理初起火灾。

5. 掌握"十项安全技术措施"

(1)按规定使用安全"三宝"。

(2)机械设备防护装置一定要齐全有效。

(3)塔吊等起重设备必须有限位保险装置，不准带病运转，不准超负荷作业，不准在运转中维修保养。

(4)架设电线线路必须符合当地电业局的规定，电气设备必须全部接零接地。

(5)电动机械和手持电动工具要设置漏电保护器。

(6)脚手架材料及脚手架的搭设必须符合规程要求。

(7)各种缆风绳及其设置必须符合规程要求。

(8)在建工程的楼梯口、电梯口、预留洞口、通道口，必须有防护设施。

(9)严禁赤脚或穿高跟鞋、拖鞋进入施工现场，高空作业不准穿硬底和带钉易滑的鞋靴。

(10)施工现场的悬崖、陡坎等危险地区应设警戒标志，夜间要设红灯示警。

6. 施工现场行走或上下的“十不准”

(1)不准从正在起吊、运吊中的物件下通过。

(2)不准从高处往下跳或奔跑作业。

(3)不准在没有防护的外墙和外壁板等建筑物上行走。

(4)不准站在小推车等不稳定的物体上操作。

(5)不得攀登起重臂、绳索、脚手架、井字架、龙门架和随同运料的吊盘及吊装物上下。

(6)不准进入挂有“禁止出入”或设有危险警示标志的区域、场所。

(7)不准在重要的运输通道或上下行走通道上逗留。

(8)未经允许不准私自进入非本单位作业区域或管理区域，尤其是存有易燃、易爆物品的场所。

(9)严禁在无照明设施、无足够采光条件的区域、场所内行走、逗留。

(10)不准无关人员进入施工现场。

7. 做到“十不盲目操作”

做到“十不盲目操作”，是防止违章和事故的基本操作要求。

(1)新工人未经三级安全教育，复工换岗人员未经安全岗位教育，不盲目操作。

(2)特殊工种人员、机械操作工未经专门安全培训，无有效安全上岗操作证，不盲目操作。

（3）施工环境和作业对象情况不清，施工前无安全措施或作业安全交底不清，不盲目操作。

（4）新技术、新工艺、新设备、新材料、新岗位无安全措施，未进行安全培训教育、交底，不盲目操作。

（5）安全帽和作业所必需的个人防护用品不落实，不盲目操作。

（6）脚手、吊篮、塔吊、井字架、龙门架、外用电梯、起重机械、电焊机、钢筋机械、木工平刨、圆盘锯、搅拌机、打桩机等设施设备和现浇混凝土模板支撑、搭设安装后，未经验收合格，不盲目操作。

（7）作业场所安全防护措施不落实，安全隐患不排除，威胁人身和国家财产安全时，不盲目操作。

（8）凡上级或管理干部违章指挥，有冒险作业情况时，不盲目操作。

（9）高处作业、带电作业、禁火区作业、易燃易爆作业、爆破性作业、有中毒或窒息危险的作业和科研实验等其他危险作业的，均应由上级指派，并经安全交底；未经指派批准、未经安全交底和无安全防护措施，不盲目操作。

（10）隐患未排除，有自己伤害自己、自己伤害他人、自己被他人伤害的不安全因素存在时，不盲目操作。

8. “防止坠落和物体打击”的十项安全要求

（1）高处作业人员必须着装整齐，严禁穿硬塑料底等易滑鞋、高跟鞋，工具应随手放入工具袋中。

（2）高处作业人员严禁相互打闹，以免失足发生坠落事故。

（3）在进行攀登作业时，攀登用具结构必须牢固可靠，使用必须正确。

（4）各类手持机具使用前应检查，确保安全牢靠。洞口临边作业应防止物件坠落。

（5）施工人员应从规定的通道上下，不得攀爬脚手架、跨越阳台，不得在非规定通道进行攀登、行走。

（6）进行悬空作业时，应有牢靠的立足点并正确系挂安全带；现场应视具体情况配置防护栏网、栏杆或其他安全设施。

（7）高处作业时，所有物料应该堆放平稳，不可放置在临边或洞口附近，且不可妨碍通行。

（8）高处拆除作业时，对拆卸下的物料、建筑垃圾都要加以清理和及时运走，不得在走道上任意乱置或向下丢弃，保持作业走道畅通。

（9）高处作业时，不准往下或向上乱抛材料和工具等物件。

（10）各施工作业场所内，凡有坠落可能的任何物料，都应先行撤除或加以固定，拆卸作业要在设有禁区、有人监护的条件下进行。

9. 防止机械伤害的“一禁、二必须、三定、四不准”

（1）一禁。不懂电器和机械的人员严禁使用和摆弄机电设备。

（2）二必须。

①机电设备应完好，必须有可靠有效的安全防护装置。

②机电设备停电、停工休息时必须拉闸关机，按要求上锁。

（3）三定。

①机电设备应做到定人操作，定人保养、检查。

②机电设备应做到定机管理、定期保养。

③机电设备应做到定岗位和岗位职责。

（4）四不准。

①机电设备不准带病运转。

②机电设备不准超负荷运转。

③机电设备不准在运转时维修保养。

④机电设备运行时，操作人员不准将头、手、身伸入运转的机械行程范围内。

10."防止车辆伤害"的十项安全要求

(1)未经劳动、公安交通部门培训合格的持证人员，不熟悉车辆性能者不得驾驶车辆。

(2)应坚持做好例保工作，车辆制动器、喇叭、转向系统、灯光等影响安全的部件如作用不良，不准出车。

(3)严禁翻斗车、自卸车的车厢乘人，严禁人货混装，车辆载货应不超载、超高、超宽，捆扎应牢固可靠，应防止车内物体失稳跌落伤人。

(4)乘坐车辆应坐在安全处，头、手、身不得露出车厢外，要避免车辆启动制动时跌倒。

(5)车辆进出施工现场，在场内掉头、倒车，在狭窄场地行驶时应有专人指挥。

(6)现场行车进场要减速，并做到"四慢"，即道路情况不明要慢，线路不良要慢，起步、会车、停车要慢，在狭路、桥梁弯路、坡路、叉道、行人拥挤地点及出入大门时要慢。

(7)临近机动车道的作业区和脚手架等设施以及道路中的路障，应加设安全色标、安全标志和防护措施，并要确保夜间有充足的照明。

(8)装卸车作业时，若车辆停在坡道上，应在车轮两侧用楔形木块加以固定。

(9)人员在场内机动车道应避免右侧行走，并做到不平排结队有碍交通；避让车辆时，应不避让于两车交会之中，不站于旁有堆物无法退让的死角。

(10)机动车辆不得牵引无制动装置的车辆，牵引物体时物体上不得有人，人不得进入正在牵引的物与车之间，坡道上牵引时，车和被牵引物下方不得有人作业和停留。

11."防止触电伤害"的十项安全操作要求

根据安全用电"装得安全、拆得彻底、用得正确、修得及时"的基本要求，为防止触电伤害的操作要求有：

(1)非电工严禁拆接电气线路、插头、插座、电气设备、电灯等。

(2)使用电气设备前必须检查线路、插头、插座、漏电保护装置是否完好。

(3)电气线路或机具发生故障时，应找电工处理，非电工不得自行修理或排除故障。

(4)使用振捣器等手持电动机械和其他电动机械从事湿作业时，要由电工接好电源，安装上漏电保护器，操作者必须穿戴好绝缘鞋、绝缘手套后再进行作业。

(5)搬迁或移动电气设备必须先切断电源。

(6)搬运钢筋、钢管及其他金属物时，严禁触碰到电线。

(7)禁止在电线上挂晒物料。

(8)禁止使用照明器烘烤、取暖，禁止擅自使用电炉和其他电加热器。

(9)在架空输电线路附近工作时，应停止输电，不能停电时，应有隔离措施，要保持安全距离，防止触碰。

(10)电线必须架空，不得在地面、施工楼面随意乱拖，若必须通过地面、楼面时，应有过路保护，物料、车、人不准压踏碾磨电线。

12. 施工现场防火安全规定

(1)施工现场要有明显的防火宣传标志。

(2)施工现场必须设置临时消防车道。其宽度不得小于3.5m,并保证临时消防车道的畅通,禁止在临时消防车道上堆物、堆料或挤占临时消防车道。

(3)施工现场必须配备消防器材,做到布局合理。要害部位应配备不少于4具的灭火器,要有明显的防火标志,并经常检查、维护、保养,保证灭火器材灵敏有效。

(4)施工现场消火栓应布局合理,消防干管直径不小于100mm,消火栓处昼夜要设有明显标志,配备足够的水龙带,周围3m内不准存放物品。地下消火栓必须符合防火规范。

(5)高度超过24m的建筑工程,应安装临时消防竖管。管径不得小于75mm,每层设消火栓口,配备足够的水龙带。消防水要保证足够的水源和水压,严禁消防竖管作为施工用水管线。消防泵房应使用非燃材料建造,位置设置合理,便于操作,并设专人管理,保证消防供水。消防泵的专用配电线路应引自施工现场总断路器的上端,要保证连续不间断供电。

(6)电焊工、气焊工从事电气设备安装的电焊、气焊切割作业,要有操作证和用火证。用火前,要对易燃、可燃物采取清除、隔离等措施,配备看火人员和灭火器具,作业后必须确认无火源隐患后方可离去。用火证当日有效。用火地点变换,要重新办理用火证手续。

(7)氧气瓶、乙炔瓶工作间距不小于5m,两瓶与明火作业距离不小于10m。建筑工程内禁止氧气瓶、乙炔瓶存放,禁止使用液化石油气“钢瓶”。

(8)施工现场使用的电气设备必须符合防火要求。临时用电必须安装过载保护装置，电闸箱内不准使用易燃、可燃材料。严禁超负荷使用电气设备。

(9)施工材料的存放、使用应符合防火要求。库房应采用非燃材料支搭，易燃易爆物品应专库储存，分类单独存放，保持通风，用电符合防火规定。不准在工程内、库房内调配油漆、烯料。

(10)工程内部不准作为仓库使用，不准存放易燃、可燃材料，因施工需要进入工程内部的可燃材料，要根据工程计划限量进入并采取可靠的防火措施。废弃材料应及时消除。

(11)施工现场使用的安全网、密目式安全网、密目式防尘网、保温材料，必须符合消防安全规定，不得使用易燃、可燃材料。

(12)施工现场严禁吸烟，不得在建筑工程内部设置宿舍。

(13)施工现场和生活区，未经有关部门批准不得使用电热器具。严禁工程中明火保温施工及宿舍内明火取暖。

(14)从事油漆粉刷或防水等有毒及易燃危险作业时，要有具体的防火要求，必要时派专人看护。

(15)生活区的设置必须符合消防管理规定。严禁使用可燃材料搭设，宿舍内不得卧床吸烟，房间内住 20 人以上必须设置不少于 2 处的安全门，居住 100 人以上，要有消防安全通道及人员疏散预案。

(16)生活区的用电要符合防火规定。食堂使用的燃料必须符合使用规定，用火点和燃料不能在同一房间内，使用时要有专人管理，停火时将总开关关闭，经常检查有无泄漏。

三、高处作业安全知识

1. 高处作业的一般施工安全规定和技术措施

按照《高处作业分级》(GB/T 3608—2008)规定：凡在坠落

高度基准面2m以上(含2m)的可能坠落的高处所进行的作业，都称为高处作业。

在施工现场高处作业中，如果未防护、防护不好或作业不当都可能发生人或物的坠落。人从高处坠落的事故，称为高处坠落事故。物体从高处坠落砸着下面人的事故，称为物体打击事故。建筑施工中的高处作业主要包括临边、洞口、攀登、悬空、交叉作业等类型，这些是高处作业伤亡事故可能发生的主要地点。

高处作业时的安全措施有设置防护栏杆，孔洞加盖，安装安全防护门，满挂安全平立网，必要时设置安全防护棚等。

(1)施工前，应逐级进行安全技术教育及交底，落实所有安全技术措施和个人防护用品，未经落实时不得进行施工。

(2)高处作业中的安全标志、工具、仪表、电气设施和各种设备，必须在施工前加以检查，确认其完好，方能投入使用。

(3)悬空、攀登高处作业以及搭设高处安全设施的人员必须按照国家有关规定，经过专门的安全作业培训，并取得特种作业操作资格证书后，方可上岗作业。

(4)从事高处作业的人员必须定期进行身体检查，诊断患有心脏病、贫血、高血压、癫痫病、恐高症及其他不适宜高处作业的疾病时，不得从事高处作业。

(5)高处作业人员应头戴安全帽，身穿紧口工作服，脚穿防滑鞋，腰系安全带。

(6)高处作业场所有坠落可能的物体，应一律先行撤除或予以固定。所用物件均应堆放平稳，不妨碍通行和装卸。工具应随手放入工具袋，拆卸下的物件及余料和废料均应及时清理运走，清理时应采用传递或系绳提溜方式，禁止抛掷。

(7)遇有六级以上强风、浓雾和大雨等恶劣天气，不得进行露天悬空与攀登高处作业。台风暴雨后，应对高处作业安全设施逐一检查，发现有松动、变形、损坏或脱落、漏雨、漏电等现象，应立即修理完善或重新设置。

(8)所有安全防护设施和安全标志等，任何人都不得损坏或擅自移动和拆除。因作业必须临时拆除或变动安全防护设施、安全标志时，必须经有关施工负责人同意，并采取相应的可靠措施，作业完毕后立即恢复。

(9)施工中对高处作业的安全技术设施发现有缺陷和隐患时，必须立即报告，及时解决。危及人身安全时，必须立即停止作业。

2. 高处作业的基本安全技术措施

(1)凡是临边作业，都要在临边处设置防护栏杆，一般上杆离地面高度为1.0～1.2m，下杆离地面高度为0.5～0.6m；防护栏杆必须自上而下用安全网封闭，或在栏杆下边设置严密固定的高度不低于18cm的挡脚板或40cm的挡脚竹笆。

(2)对于洞口作业，可根据具体情况采取设防护栏杆、加盖板、张挂安全网与装栅门等措施。

(3)进行攀登作业时，作业人员要从规定的通道上下，不能在阳台之间等非规定通道进行攀登，也不得任意利用吊车车臂架等施工设备进行攀登。

(4)进行悬空作业时，要设有牢靠的作业立足处，并视具体情况设防护栏杆，搭设架手架、操作平台，使用马凳，张挂安全网或其他安全措施；作业所用索具、脚手板、吊篮、吊笼、平台等设备，均需经技术鉴定方能使用。

(5)进行交叉作业时，注意不得在上下同一垂直方向上操作，下层作业的位置必须处于依上层高度确定的可能坠落范围之外。不符合以上条件时，必须设置安全防护层。

(6)结构施工自二层起,凡人员进出的通道口(包括井架、施工电梯的进出口),均应搭设安全防护棚。高度超过24m时,防护棚应设双层。

(7)建筑施工进行高处作业之前,应进行安全防护设施的检查和验收。验收合格后,方可进行高处作业。

3. 高处作业安全防护用品使用常识

由于建筑行业的特殊性,高处作业中发生高处坠落、物体打击事故的比例最大。要避免伤亡事故,作业人员必须正确佩戴安全帽,调好帽箍,系好帽带;正确使用安全带,高挂低用;按规定架设安全网。

(1)安全帽。对人体头部受外力伤害(如物体打击)起防护作用的帽子。使用时要注意:

①选用经有关部门检验合格,其上有"安鉴"标志的安全帽。

②使用安全帽前先检查外壳是否破损,有无合格帽衬,帽带是否齐全,如果不符合要求则立即更换。

③调整好帽箍、帽衬(4～5cm),系好帽带。

(2)安全带。高处作业人员预防坠落伤亡的防护用品。使用时要注意:

①选用经有关部门检验合格的安全带,并保证在使用有效期内。

②安全带严禁打结、续接。

③使用中,要可靠地挂在牢固的地方,高挂低用,且要防止摆动,避免明火和刺割。

④2m以上的悬空作业,必须使用安全带。

⑤在无法直接挂设安全带的地方,应设置挂安全带的安全拉绳、安全栏杆等。

(3)安全网。用来防止人、物坠落或用来避免、减轻坠落及物体打击伤害的网具。使用时要注意：

①要选用有合格证的安全网；在使用时，必须按规定到有关部门检测、检验合格，方可使用。

②安全网若有破损、老化，应及时更换。

③安全网与架体连接不宜绷得太紧，系结点要沿边分布均匀、绑牢。

④立网不得作为平网使用。

⑤立网必须选用密目式安全网。

四、脚手架作业安全技术常识

1. 脚手架的作用及常用架型

脚手架的搭设、拆除作业属悬空、攀登高处作业，其作业人员必须按照国家有关规定经过专门的安全作业培训，并取得特种作业操作资格证书后，方可上岗作业。其他无资格证书的作业人员只能做一些辅助工作，严禁悬空、登高作业。

脚手架的主要作用是在高处作业时供堆料、短距离水平运输及作业人员在上面进行施工作业。高处作业的五种基本类型的安全隐患在脚手架上作业中都会发生。

脚手架应满足以下基本要求：

(1)要有足够的牢固性和稳定性，保证施工期间在所规定的荷载和气候条件下，不产生变形、倾斜和摇晃。

(2)要有足够的使用面积，满足堆料、运输、操作和行走的要求。

(3)构造要简单，搭设、拆除和搬运要方便。

常用脚手架有扣件式钢管脚手架、门型钢管脚手架、碗扣式钢管架等。此外还有附着升降脚手架、吊篮式脚手架、挂式脚手架等。

2. 脚手架作业一般安全技术常识

(1)每项脚手架工程都要有经批准的施工方案并严格按照此方案搭设和拆除，作业前必须组织全体作业人员熟悉施工和作业要求，进行安全技术交底。班组长要带领作业人员对施工作业环境及所需工具、安全防护设施等进行检查，消除隐患后方可作业。

(2)脚手架要结合工程进度搭设，结构施工时脚手架要始终高出作业面一步架，但不宜一次搭得过高。未完成的脚手架，作业人员离开作业岗位(休息或下班)时，不得留有未固定的构件，并应保证架子稳定。

脚手架要经验收签字后方可使用。分段搭设时应分段验收。在使用过程中要定期检查，较长时间停用、台风或暴雨过后使用前要进行检查加固。

(3)落地式脚手架基础必须坚实，若是回填土，必须平整夯实，并做好排水措施，以防止地基沉陷引起架子沉降、变形、倒塌。当基础不能满足要求时，可采取挑、吊、撑等技术措施，将荷载分段卸到建筑物上。

(4)设计搭设高度较小(15m 以下)时，可采用抛撑；当设计高度较大时，采用既抗拉又抗压的连墙点(根据规范用柔性或刚性连墙点)。

(5)施工作业层的脚手板要满铺、牢固，离墙间隙不大于 15cm，并不得出现探头板；在架子外侧四周设 1.2m 高的防护栏杆及 18cm 的挡脚板，且在作业层下装设安全平网；架体外排立杆内侧挂设密目式安全立网。

(6)脚手架出入口须设置规范的通道口防护棚;外侧临街或高层建筑脚手架,其外侧应设置双层安全防护棚。

(7)架子使用中,通常架上的均布荷载,不应超过规范规定。人员、材料不要太集中。

(8)在防雷保护范围之外,应按规定安装防雷保护装置。

(9)脚手架拆除时,应设警戒区和醒目标志,有专人负责警戒;架体上的材料、杂物等应消除干净;架体若有松动或危险的部位,应予以先行加固,再进行拆除。

(10)拆除顺序应遵循"自上而下,后装的构件先拆,先装的后拆,一步一清"的原则,依次进行。不得上下同时拆除作业,严禁用踏步式、分段、分立面拆除法。

(11)拆下来的杆件、脚手板、安全网等应用运输设备运至地面,严禁从高处向下抛掷。

五、施工现场临时用电安全知识

1. 现场临时用电安全基本原则

(1)建筑施工现场的电工、电焊工属于特种作业工种,必须按国家有关规定经专门安全作业培训,取得特种作业操作资格证书,方可上岗作业。其他人员不得从事电气设备及电气线路的安装、维修和拆除。

(2)建筑施工现场必须采用 TN-S 接零保护系统,即具有专用保护零线(PE 线)、电源中性点直接接地的 220/380V 三相五线制系统。

(3)建筑施工现场必须按"三级配电二级保护"设置。

(4)施工现场的用电设备必须实行"一机、一闸、一漏、一箱"制,即每台用电设备必须有自己专用的开关箱,专用开关箱内必须设置独立的隔离开关和漏电保护器。

(5)严禁在高压线下方搭设临建、堆放材料和进行施工作业；在高压线一侧作业时，必须保持至少 6m 的水平距离，达不到上述距离时，必须采取隔离防护措施。

(6)在宿舍工棚、仓库、办公室内，严禁使用电饭煲、电水壶、电炉、电热杯等较大功率电器。如需使用，应由项目部安排专业电工在指定地点安装，可使用较高功率电器的电气线路和控制器。严禁使用不符合安全要求的电炉、电热棒等。

(7)严禁在宿舍内乱拉、乱接电源，非专职电工不准乱接或更换熔丝，不准以其他金属丝代替熔丝(保险丝)。

(8)严禁在电线上晾衣服和挂其他东西等。

(9)搬运较长的金属物体，如钢筋、钢管等材料时，应注意不要碰触到电线。

(10)在临近输电线路的建筑物上作业时，不能随便往下扔金属类杂物；更不能触摸、拉动电线或与电线接触的钢丝和电杆的拉线。

(11)移动金属梯子和操作平台时，要观察高处输电线路与移动物体的距离，确认有足够的安全距离，再进行作业。

(12)在地面或楼面上运送材料时，不要踏在电线上；停放手推车，堆放钢模板、跳板、钢筋时，不要压在电线上。

(13)移动有电源线的机械设备，如电焊机、水泵、小型木工机械等，必须先切断电源，不能带电搬动。

(14)当发现电线坠地或设备漏电时，切不可随意跑动和触摸金属物体，并应保持 10m 以上距离。

2. 安全电压

安全电压是为防止触电事故而采用的 50V 以下特定电源

供电的电压系列，分为 42V、36V、24V、12V 和 6V 五个等级，根据不同的作业条件，选用不同的安全电压等级。建筑施工现场常用的安全电压有 12V、24V、36V。

以下特殊场所必须采用安全电压照明供电：

(1)室内灯具离地面低于 2.4m、手持照明灯具、一般潮湿作业场所(地下室、潮湿室内、潮湿楼梯、隧道、人防工程以及有高温、导电灰尘等)的照明，电源电压应不大于 36V。

(2)潮湿和易触及带电体场所的照明电源电压，应不大于 24V。

(3)在特别潮湿的场所、锅炉或金属容器内、导电良好的地面使用手持照明灯具等，照明电源电压不得大于 12V。

3. 电线的相色

(1)正确识别电线的相色。

电源线路可分为工作相线(火线)、专用工作零线和专用保护零线。一般情况下，工作相线(火线)带电危险，专用工作零线和专用保护零线不带电(但在不正常情况下，工作零线也可以带电)。

(2)相色规定。

一般相线(火线)分为 A、B、C 三相，分别为黄色、绿色、红色；工作零线为黑色；专用保护零线为黄绿双色线。

严禁用黄绿双色、黑色、蓝色线充当相线，也严禁用黄色、绿色、红色线作为工作零线和保护零线。

4. 插座的使用

要正确使用与安装插座。

(1)插座分类。

常用的插座分为单相双孔、单相三孔和三相三孔、三相四孔等。

(2)选用与安装接线。

①三孔插座应选用“品字形”结构,不应选用等边三角形排列的结构,因为后者容易发生三孔互换,造成触电事故。

②插座在电箱中安装时,必须首先固定安装在安装板上,接地极与箱体一起作可靠的PE保护。

③三孔或四孔插座的接地孔(较粗的一个孔),必须置于顶部位置,不可倒置,两孔插座应水平并列安装,不准垂直并列安装。

④插座接线要求:对于两孔插座,左孔接零线,右孔接相线;对于三孔插座,左孔接零线,右孔接相线,上孔接保护零线;对于四孔插座,上孔接保护零线,其他三孔分别接A、B、C三根相线。

5.“用电示警”标志

正确识别“用电示警”标志或标牌,不得随意靠近、随意损坏和挪动标牌(表3-1)。进入施工现场的每个人都必须认真遵守用电管理规定,见到用电示警标志或标牌时,不得随意靠近,更不准随意损坏、挪动标牌。

表3-1　用电示警标志分类和使用

使用 分类	颜色	使用场所
常用电力标志	红色	配电房、发电机房、变压器等重要场所
高压示警标志	字体为黑色,箭头和边框为红色	需高压示警场所
配电房示警标志	字体为红色,边框为黑色(或字与边框交换颜色)	配电房或发电机房

续表

使用 分类	颜色	使用场所
维护检修示警标志	底为红色，字为白色(或字为红色，底为白色，边框为黑色)	维护检修时相关场所
其他用电示警标志	箭头为红色，边框为黑色，字为红色或黑色	其他一般用电场所

6. 电气线路的安全技术措施

(1)施工现场电气线路全部采用“三相五线制”(TN-S系统)专用保护接零(PE线)系统供电。

(2)施工现场架空线采用绝缘铜线。

(3)架空线设在专用电杆上，严禁架设在树木、脚手架上。

(4)导线与地面保持足够的安全距离。

导线与地面最小垂直距离：施工现场应不小于4m；机动车道应不小于6m；铁路轨道应不小于7.5m。

(5)无法保证规定的电气安全距离时，必须采取防护措施。

如果由于在建工程位置限制而无法保证规定的电气安全距离，必须采取设置防护性遮拦、栅栏，悬挂警告标志牌等防护措施，发生高压线断线落地时，非检修人员要远离落地处10m以外，以防跨步电压危害。

(6)为了防止设备外壳带电发生触电事故，设备应采用保护接零，并安装漏电保护器等措施。作业人员要经常检查保护零线连接是否牢固可靠，漏电保护器是否有效。

(7)在电箱等用电危险地方，挂设安全警示牌。如“有电危险”“禁止合闸，有人工作”等。

7. 照明用电的安全技术措施

施工现场临时照明用电的安全要求如下：

(1)临时照明线路必须使用绝缘导线。户内(工棚)临时线路的导线必须安装在离地2m以上的支架上；户外临时线路必须安装在离地2.5m以上的支架上，零星照明线不允许使用花线，一般应使用软电缆线。

(2)建设工程的照明灯具宜采用拉线开关。拉线开关距地面高度为2～3m，与出口、入口的水平距离为0.15～0.2m。

(3)严禁在床头设立开关和插座。

(4)电器、灯具的相线必须经过开关控制。

不得将相线直接引入灯具，也不允许以电气插头代替开关来分合电路，室外灯具距地面不得低于3m；室内灯具不得低于2.4m。

(5)使用手持照明灯具(行灯)应符合一定的要求：

①电源电压不超过36V。

②灯体与手柄应坚固，绝缘良好，并耐热防潮湿。

③灯头与灯体结合牢固。

④灯泡外部要有金属保护网。

⑤金属网、反光罩、悬吊挂钩应固定在灯具的绝缘部位上。

(6)照明系统中每一单相回路上，灯具和插座数量不宜超过25个，并应装设熔断电流为15A以下的熔断保护器。

8. 配电箱与开关箱的安全技术措施

施工现场临时用电一般采用三级配电方式，即总配电箱(或配电室)，下设分配电箱，再以下设开关箱，开关箱以下就是用电设备。

配电箱和开关箱的使用安全要求如下：

(1)配电箱、开关箱的箱体材料，一般应选用钢板，亦可选用绝缘板，但不宜选用木质材料。

(2)配电箱、开关箱应安装端正、牢固，不得倒置、歪斜。

固定式配电箱、开关箱的下底与地面垂直距离应大于或等于1.3m且小于或等于1.5m；移动式配电箱、开关箱的下底与地面的垂直距离应大于或等于0.6m且小于或等于1.5m。

(3)进入开关箱的电源线，严禁用插销连接。

(4)电箱之间的距离不宜太远。

配电箱与开关箱的距离不得超过30m。开关箱与固定式用电设备的水平距离不宜超过3m。

(5)每台用电设备应有各自专用的开关箱，且必须满足“一机、一闸、一漏、一箱”的要求，严禁用同一个开关电器直接控制两台及两台以上用电设备(含插座)。

开关箱中必须设漏电保护器，其额定漏电动作电流应不大于30mA，漏电动作时间应不大于0.1s。

(6)所有配电箱门应配锁，不得在配电箱和开关箱内挂接或插接其他临时用电设备，开关箱内严禁放置杂物。

(7)配电箱、开关箱的接线应由电工操作，非电工人员不得乱接。

9. 配电箱和开关箱的使用要求

(1)在停电、送电时，配电箱、开关箱之间应遵守合理的操作顺序。

送电操作顺序：总配电箱→分配电箱→开关箱。

断电操作顺序：开关箱→分配电箱→总配电箱。

正常情况下，停电时首先分断自动开关，然后分断隔离开关;送电时先合隔离开关,后合自动开关。

(2)使用配电箱、开关箱时,操作者应接受岗前培训,熟悉所使用设备的电气性能和掌握有关开关的正确操作方法。

(3)及时检查、维修,更换熔断器的熔丝必须用原规格的熔丝,严禁用铜线、铁线代替。

(4)配电箱的工作环境应经常保持设置时的要求,不得在其周围堆放任何杂物,保持必要的操作空间和通道。

(5)维修机器停电作业时,要与电源负责人联系停电,要悬挂警示标志,卸下保险丝,锁上开关箱。

10. 手持电动机具的安全使用要求

(1)一般场所应选用Ⅰ类手持式电动工具,并应装设额定漏电动作电流不大于 15mA、额定漏电动作时间小于 0.1s 的漏电保护器。

(2)在露天、潮湿场所或金属构架上操作时,必须选用Ⅱ类手持式电动工具,并装设漏电保护器,严禁使用Ⅰ类手持式电动工具。

(3)负荷线必须采用耐用的橡皮护套铜芯软电缆。

单相用三芯(其中一芯为保护零线)电缆;三相用四芯(其中一芯为保护零线)电缆;电缆不得有破损或老化现象,中间不得有接头。

(4)手持电动工具应配备装有专用的电源开关和漏电保护器的开关箱,严禁一台开关接两台以上设备,其电源开关应采用双刀控制。

(5)手持电动工具开关箱内应采用插座连接,其插头、插座应无损坏、无裂纹,且绝缘良好。

(6)使用手持电动工具前,必须检查外壳、手柄、负荷线、插头等是否完好无损，接线是否正确（防止相线与零线错接）；发现工具外壳、手柄破裂，应立即停止使用并进行更换。

（7）非专职人员不得擅自拆卸和修理工具。

（8）作业人员使用手持电动工具时，应穿绝缘鞋，戴绝缘手套，操作时握其手柄，不得利用电缆提拉。

（9）长期搁置不用或受潮的工具在使用前应由电工测量绝缘阻值是否符合要求。

11. 触电事故及原因分析

（1）缺乏电气安全知识，自我保护意识淡薄。

电气设施安装或接线不是由专业电工操作，而是由非专业人员安装。安装人又无基本的电气安全知识，装设不符合电气基本要求，造成意外的触电事故。发生这种触电事故的原因都是缺乏电气安全知识，无自我保护意识。

（2）违反安全操作规程。

施工现场中，有人图方便，不用插头，在电箱乱拉乱接电线。还有人在宿舍私自拉接电线照明，在床上接音响设备、电风扇，有的甚至烧水、做饭等，极易造成触电事故。也有人凭经验用手去试探电器是否带电或不采取安全措施带电作业，或带着侥幸心理，在带电体（如高压线）周围，不采取任何安全措施，违章作业，造成触电事故等。

（3）不使用“TN-S”接零保护系统。

有的工地未使用“TN-S”接零保护系统，或者未按要求连接专用保护接零线，无有效地安全保护系统。不按“三级配电二级保护”“一机、一闸、一漏、一箱”设置，造成工地用电使用混乱，易造成误操作，并且在触电时，使得安全保护系统未起可靠的安全保护效果。

(4)电气设备安装不合格。

电气设备安装必须遵守安全技术规定,否则由于安装错误,当人身接触带电部分时,就会造成触电事故。如电线高度不符合安全要求,太低,架空线乱拉、乱扯,有的还将电线拴在脚手架上,导线的接头只用老化的绝缘布包上,以及电气设备没有做保护接地、保护接零等,一旦漏电就会发生严重触电事故。

(5)电气设备缺乏正常检修和维护。

由于电气设备长期使用,易出现电气绝缘老化、导线裸露、胶盖刀闸胶木破损、插座盖子损坏等。如不及时检修,一旦漏电,将造成严重后果。

(6)偶然因素。

电力线被风刮断,导线接触地面引起跨步电压,当人走近该地区时就会发生触电事故。

六、起重吊装机械安全操作常识

1. 基本要求

塔式起重机、施工电梯、物料提升机等施工起重机械的操作(也称为司机)、指挥、司索等作业人员属特种作业,必须按国家有关规定经专门安全作业培训,取得特种作业操作资格证书,方可上岗作业。

施工起重机械(也称垂直运输设备)必须由有相应的制造(生产)许可证的企业生产,并有出厂合格证。其安装、拆除、加高及附墙施工作业,必须由有相应作业资格的队伍作业,作业人员必须按国家有关规定经专门安全作业培训,取得特种作业操作资格证书,方可上岗作业。其他非专业人员不得上岗作业。安装、拆卸、加高及附墙施工作业前,必须有经审批、审查的施工方案，并进行方案及安全技术交底。

2. 塔式起重机使用安全常识

(1)起重机“十不吊”。

①起重臂和吊起的重物下面有人停留或行走不准吊。

②起重指挥应由技术培训合格的专职人员担任，无指挥或信号不清不准吊。

③钢筋、型钢、管材等细长和多根物件必须捆扎牢靠，多点起吊。单头“千斤”或捆扎不牢靠不准吊。

④多孔板、积灰斗、手推翻斗车不用四点吊或大模板外挂板不用卸甲不准吊。预制钢筋混凝土楼板不准双拼吊。

⑤吊砌块必须使用安全可靠的砌块夹具，吊砖必须使用砖笼，并堆放整齐。木砖、预埋件等零星物件要用盛器堆放稳妥，叠放不齐不准吊。

⑥楼板、大梁等吊物上站人不准吊。

⑦埋入地下的板桩、井点管等以及粘连、附着的物件不准吊。

⑧多机作业，应保证所吊重物距离不小于 3m，在同一轨道上多机作业，无安全措施不准吊。

⑨六级以上强风不准吊。

⑩斜拉重物或超过机械允许荷载不准吊。

(2)塔式起重机吊运作业区域内严禁无关人员入内，起吊物下方不准站人。

(3)司机(操作)、指挥、司索等工种应按有关要求配备，其他人员不得作业。

(4)六级以上强风不准吊运物件。

(5)作业人员必须听从指挥人员的指挥，吊物起吊前作业人员应撤离。

(6)吊物的捆绑要求。

①吊运物件时,应清楚重量,吊运点及绑扎应牢固可靠。

②吊运散件物时,应用铁制合格料斗,料斗上应设有专用的牢固的吊装点;料斗内装物高度不得超过料斗上口边,散粒状的轻浮易撒物盛装高度应低于上口边线10cm。

③吊运长条状物品(如钢筋、长条状木方等),所吊物件应在物品上选择两个均匀、平衡的吊点,绑扎牢固。

④吊运有棱角、锐边的物品时,钢丝绳绑扎处应做好防护措施。

3.施工电梯使用安全常识

施工电梯也称外用电梯,也有称为(人、货两用)施工升降机,是施工现场垂直运输人员和材料的主要机械设备。

(1)施工电梯投入使用前,应在首层搭设出入口防护棚,防护棚应符合有关高处作业规范。

(2)电梯在大雨、大雾、六级以上大风以及导轨架、电缆等结冰时,必须停止使用,并将梯笼降到底层,切断电源。暴风雨后,应对电梯各安全装置进行一次检查,确认正常,方可使用。

(3)电梯底笼周围2.5m范围,应设置防护栏杆。

(4)电梯各出料口运输平台应平整牢固,还应安装牢固可靠的栏杆和安全门,使用时安全门应保持关闭。

(5)电梯使用应有明确的联络信号,禁止用敲打、呼叫等方式联络。

(6)乘坐电梯时,应先关好安全门,再关好梯笼门,方可启动电梯。

(7)梯笼内乘人或载物时,应使载荷均匀分布,不得偏重;严禁超载运行。

(8)等候电梯时,应站在建筑物内,不得聚集在通道平台上,也不得将头手伸出栏杆和安全门外。

(9)电梯每班首次载重运行时,当梯笼升离地面1～2m时,应停机试验制动器的可靠性;当发现制动效果不良时,应调整或修复后方可投入使用。

(10)操作人员应根据指挥信号操作。作业前应鸣声示意。在电梯未切断总电源开关前,操作人员不得离开操作岗位。

(11)施工电梯发生故障的处理。

①当运行中发现异常情况时,应立即停机并采取有效措施,将梯笼降到底层,排除故障后方可继续运行。

②在运行中发现电梯失控时,应立即按下急停按钮;在未排除故障前,不得打开急停按钮。

③在运行中发现制动器失灵时,可将梯笼开至底层维修;或者让其下滑防坠安全器制动。

④在运行中发现故障时,不要惊慌,电梯的安全装置将提供可靠的保护;应听从专业人员的安排,或等待修复,或听从专业人员的指挥撤离。

(12)作业后,应将梯笼降到底层,各控制开关拨到零位,切断电源,锁好开关箱,闭锁梯笼门和围护门。

4. 物料提升机使用安全常识

物料提升机有龙门架、井字架式的,也有的称为(货用)施工升降机,是施工现场物料垂直运输的主要机械设备。

(1)物料提升机用于运载物料,严禁载人上下;装卸料人员、维修人员必须在安全装置可靠或采取了可靠的措施后,方可进入吊笼内作业。

(2)物料提升机进料口必须加装安全防护门，并按高处作业规范搭设防护棚，并设安全通道，防止从棚外进入架体中。

(3)物料提升机在运行时，严禁对设备进行保养、维修，任何人不得攀登架体或从架体内穿过。

(4)运载物料的要求。

①运送散料时，应使用料斗装载，并放置平稳；使用手推斗车装置于吊笼时，必须将手推斗车平稳并制动放置，注意车把手及车不能伸出吊笼。

②运送长料时，物料不得超出吊笼；物料立放时，应捆绑牢固。

③物料装载时，应均匀分布，不得偏重，严禁超载运行。

(5)物料提升机的架体应有附墙或缆风绳，并应牢固可靠，符合说明书和规范的要求。

(6)物料提升机的架体外侧应用小网眼安全网封闭，防止物料在运行时坠落。

(7)禁止在物料提升机架体上进行焊接、切割或者钻孔等作业，防止损伤架体的任何构件。

(8)出料口平台应牢固可靠，并应安装防护栏杆和安全门。运行时安全门应保持关闭。

(9)吊笼上应有安全门，防止物料坠落；并且安全门应与安全停靠装置联锁。安全停靠装置应灵敏可靠。

(10)楼层安全防护门应有电气或机械锁装置，在安全门未可靠关闭时，禁止吊笼运行。

(11)作业人员等待吊笼时，应在建筑物内或者平台内距安全门1m以外处等待。严禁将头、手伸出栏杆或安全门。

(12)进出料口应安装明确的联络信号，高架提升机还应有可视系统。

5. 起重吊装作业安全常识

起重吊装是指建筑工程中，采用相应的机械设备和设施来完成结构吊装和设施安装，属于危险作业，作业环境复杂，技术难度大。

(1)作业前应根据作业特点编制专项施工方案，并对参加作业人员进行方案和安全技术交底。

(2)作业时周边应设置警戒区域，设置醒目的警示标志，防止无关人员进入；特别危险处应设监护人员。

(3)起重吊装作业大多数作业点都必须由专业技术人员作业；属于特种作业的人员必须按国家有关规定经专门安全作业培训，取得特种作业操作资格证书，方可上岗作业。

(4)作业人员应根据现场作业条件选择安全的位置作业。在卷扬机与地滑轮穿越钢丝绳的区域，禁止人员站立和通行。

(5)吊装过程必须设有专人指挥，其他人员必须服从指挥。起重指挥不能兼作其他工种，并应确保起重司机清晰准确地听到指挥信号。

(6)作业过程必须遵守起重机“十不吊”原则。

(7)被吊物的捆绑要求，按塔式起重机被吊物捆绑作业要求。

(8)构件存放场地应该平整坚实。构件叠放用方木垫平，必须稳固，不准超高（一般不宜超过 1.6m）。构件存放除设置垫木外，必要时要设置相应的支撑，提高其稳定性。禁止无关人员在堆放的构件中穿行，防止发生构件倒塌挤人事故。

(9)在露天遇六级以上大风或大雨、大雪、大雾等天气时，应停止起重吊装作业。

(10)起重机作业时，起重臂和吊物下方严禁有人停留、工作或通过。重物吊运时，严禁人从上方通过。严禁用起重机载运人员。

(11)经常使用的起重工具注意事项。

①手动倒链：操作人员应经培训合格后方可上岗作业，吊物时应挂牢后慢慢拉动倒链，不得斜向拽拉。当一人拉不动时，应查明原因，禁止多人一齐猛拉。

②手搬葫芦：操作人员应经培训合格后方可上岗作业，使用前检查自锁夹钳装置的可靠性，当夹紧钢丝绳后，应能往复运动，否则禁止使用。

③千斤顶：操作人员应经培训合格后方可上岗作业，千斤顶置于平整坚实的地面上，并垫木板或钢板，防止地面沉陷。顶部与光滑物接触面应垫硬木，防止滑动。开始操作应逐渐顶升，注意防止顶歪，始终保持重物的平衡。

七、中小型施工机械安全操作常识

1. 基本安全操作要求

施工机械的使用必须按“定人、定机”制度执行。操作人员必须经培训合格，方可上岗作业，其他人员不得擅自使用。机械使用前，必须对机械设备进行检查，各部位确认完好无损，并空载试运行，符合安全技术要求，方可使用。

施工现场机械设备必须按其控制的要求，配备符合规定的控制设备，严禁使用倒顺开关。在使用机械设备时，必须严格按照安全操作规程，严禁违章作业；发现有故障、有异常响动、温度异常升高时，都必须立即停机，经过专业人员维修，并检验合格后，方可重新投入使用。

操作人员应做到“调整、紧固、润滑、清洁、防腐”十字作业的要求,按有关要求对机械设备进行保养。操作人员在作业时,不得擅自离开工作岗位。下班时,应先将机械停止运行,然后断开电源,锁好电箱,方可离开。

2. 混凝土(砂浆)搅拌机安全操作要求

(1)搅拌机的安装一定要平稳、牢固。长期固定使用时,应埋置地脚螺栓;短期使用时,应在机座上铺设木枕或撑架找平,牢固放置。

(2)料斗提升时,严禁在料斗下工作或穿行。清理料斗坑时,必须先切断电源,锁好电箱,并将料斗双保险钩挂牢或插上保险插销。

(3)运转时,严禁将头或手伸入料斗与机架之间查看,不得用工具或物件伸入搅拌筒内。

(4)运转中严禁保养维修。维修保养搅拌机,必须拉闸断电,锁好电箱,挂好“有人工作,严禁合闸”牌,并有专人监护。

3. 混凝土振动器安全操作要求

常用的混凝土振动器有插入式和平板式。

(1)振动器应安装漏电保护装置,保护接零应牢固可靠。作业时操作人员应穿戴绝缘胶鞋和绝缘手套。

(2)使用前,应检查各部位无损伤,并确认连接牢固,旋转方向正确。

(3)电缆线应满足操作所需的长度。严禁用电缆线拖拉或吊挂振动器。振动器不得在初凝的混凝土、地板、脚手架和干硬的地面上进行试振。在检修或作业间断时,应断开电源。

(4)作业时,振动棒软管的弯曲半径不得小于500mm,并不得多于两个弯,操作时应将振动棒垂直地沉入混凝土,不得用力硬插、斜推或让钢筋夹住棒头，也不得全部插入混凝土中，插入深度不应超过棒长的3/4，不宜触及钢筋、芯管及预埋件。

（5）作业停止需移动振动器时，应先关闭电动机，再切断电源。不得用软管拖拉电动机。

（6）平板式振动器工作时，应使平板与混凝土保持接触，待表面出浆，不再下沉后，即可缓慢移动；运转时，不得搁置在已凝或初凝的混凝土上。

（7）移动平板式振动器应使用干燥绝缘的拉绳，不得用脚踢电动机。

4. 钢筋切断机安全操作要求

（1）机械未达到正常转速时，不得切料。切料时，应使用切刀的中、下部位，紧握钢筋对准刃口迅速投入，操作者应站在固定刀片一侧用力压住钢筋，应防止钢筋末端弹出伤人。严禁用两手在刀片两边握住钢筋俯身送料。

（2）不得剪切直径及强度超过机械铭牌规定的钢筋和烧红的钢筋。一次切断多根钢筋时，其总截面积应在规定范围内。

（3）切断短料时，手和切刀之间的距离应保持在150mm以上，如手握端小于400mm时，应采用套管或夹具将钢筋短头压住或夹牢。

（4）运转中严禁用手直接清除切刀附近的断头和杂物。钢筋摆动周围和切刀周围，不得停留非操作人员。

5. 钢筋弯曲机安全操作要求

（1）应按加工钢筋的直径和弯曲半径的要求，装好相应规格的芯轴和成型轴、挡铁轴。芯轴直径应为钢筋直径的2.5倍。

挡铁轴应有轴套，挡铁轴的直径和强度不得小于被弯钢筋的直径和强度。

(2)作业时，应将钢筋需弯曲一端插入转盘固定销的间隙内，另一端紧靠机身固定销，并用手压紧；应检查机身固定销并确认安放在挡住钢筋的一侧，方可开动。

(3)作业中，严禁更换轴芯、销子和变换角度以及调整，也不得进行清扫和加油。

(4)对超过机械铭牌规定直径的钢筋严禁进行弯曲。不直的钢筋不得在弯曲机上弯曲。

(5)在弯曲钢筋的作业半径内和机身不设固定销的一侧严禁站人。

(6)转盘换向时，应待停稳后进行。

(7)作业后，应及时清除转盘及插入座孔内的铁锈、杂物等。

6. 钢筋调直切断机安全操作要求

(1)应按调直钢筋的直径，选用适当的调直块及传动速度。调直块的孔径应比钢筋直径大 2～5mm，传动速度应根据钢筋直径选用，直径大的宜选用慢速，经调试合格，方可作业。

(2)在调直块未固定、防护罩未盖好前不得送料。作业中严禁打开各部防护罩并调整间隙。

(3)当钢筋送入后，手与轮应保持一定的距离，不得接近。

(4)送料前应将不直的钢筋端头切除。导向筒前应安装一根 1m 长的钢管，钢筋应穿过钢管再送入调直机前端的导孔内。

7. 钢筋冷拉安全操作要求

(1)卷扬机的位置应使操作人员能见到全部的冷拉场地，卷扬机与冷拉中线的距离不得少于 5m。

(2)冷拉场地应在两端地锚外侧设置警戒区,并应安装防护栏及醒目的警示标志。严禁非作业人员在此停留。操作人员在作业时必须离开钢筋2m以外。

(3)卷扬机操作人员必须看到指挥人员发出的信号,并待所有的人员离开危险区后方可作业。冷拉应缓慢、均匀。当有停车信号或有人进入危险区时,应立即停拉,并稍稍放松卷扬机钢丝绳。

(4)夜间作业的照明设施,应装设在张拉危险区外。当需要装设在场地上空时,其高度应超过5m。灯泡应加防护罩。

8.圆盘锯安全操作要求

(1)锯片必须平整,锯齿尖锐,不得连续缺齿2个,裂纹长度不得超过20mm。

(2)被锯木料厚度,以锯片能露出木料10～20mm为限。

(3)启动后,必须等待转速正常后,方可进行锯料。

(4)关料时,不得将木料左右晃动或者高抬,遇木节要慢送料。锯料长度不小于500mm。接近端头时,应用推棍送料。

(5)若锯线走偏,应逐渐纠正,不得猛扳。

(6)操作人员不应站在锯片同一直线上操作。手臂不得跨越锯片工作。

9.蛙式夯实机安全操作要求

(1)夯实作业时,应一人扶夯,一人传递电缆线,且必须戴绝缘手套和穿绝缘鞋。电缆线不得扭结或缠绕,且不得张拉过紧,应保持有3～4m的余量。移动时,应将电缆线移至夯机后方,不得隔机扔电缆线,当转向困难时,应停机调整。

(2)作业时,手握扶手应保持机身平衡,不得用力向后压,并应随时调整行进方向。转弯时不宜用力过猛，不得急转弯。

(3)夯实填高土方时，应在边缘以内 100～150mm 夯实 2～3 遍后，再夯实边缘。

(4)在较大基坑作业时，不得在斜坡上夯行，应避免造成夯头后折。

(5)夯实房心土时，夯板应避开房心地下构筑物、钢筋混凝土基桩、机座及地下管道等。

(6)在建筑物内部作业时，夯板或偏心块不得打在墙壁上。

(7)多机作业时，机平列间距不得小于 5m，前后间距不得小于 10m。

(8)夯机前进方向和夯机四周 1m 范围内，不得站立非操作人员。

10. 振动冲击夯安全操作要求

(1)内燃冲击夯启动后，内燃机应慢速运转 3～5min，然后逐渐加大油门，待夯机跳动稳定后，方可作业。

(2)电动冲击夯在接通电源启动后，应检查电动机旋转方向，有错误时应倒换相联系线。

(3)作业时应正确掌握夯机，不得倾斜，手把不宜握得过紧，能控制夯机前进速度即可。

(4)正常作业时，不得使劲往下压手把，以免影响夯机跳起高度。在较松的填料上作业或上坡时，可将手把稍向下压，增加夯机前进速度。

(5)电动冲击夯操作人员必须戴绝缘手套，穿绝缘鞋。作业时，电缆线不应拉得过紧，应经常检查线头安装，不得松动及引起漏电。严禁冒雨作业。

11. 潜水泵安全操作要求

(1)潜水泵宜先装在坚固的篮筐里再放入水中,亦可在水中将泵的四周设立坚固的防护围网。泵应直立于水中,水深不得小于0.5m,不得在含有泥沙的水中使用。

(2)潜水泵放入水中或提出水面时,应先切断电源,严禁拉拽电缆或出水管。

(3)潜水泵应装设保护接零和漏电保护装置,工作时泵周围30m以内水面,不得有人、畜进入。

(4)应经常观察水位变化,叶轮中心至水平距离应在0.5~3.0m之间,泵体不得陷入污泥或露出水面。电缆不得与井壁、池壁相擦。

(5)每周应测定一次电动机定子绕组的绝缘电阻,其值应无下降。

12. 交流电焊机安全操作要求

(1)外壳必须有保护接零,应有二次空载降压保护器和触电保护器。

(2)电源应使用自动开关,接线板应无损坏,有防护罩。一次线长度不超过5m,二次线长度不得超过30m。

(3)焊接现场10m范围内,不得有易燃、易爆物品。

(4)雨天不得室外作业。在潮湿地点焊接时,要站在胶板或其他绝缘材料上。

(5)移动电焊机时,应切断电源,不得用拖拉电缆的方法移动。当焊接中突然停电时,应立即切断电源。

13. 气焊设备安全操作要求

(1)氧气瓶与乙炔瓶使用时的间距不得小于5m，存放时的间距不得小于3m，并且距高温、明火等不得小于10m；达不到上述要求时，应采取隔离措施。

(2)乙炔瓶存放和使用必须立放，严禁倒放。

(3)在移动气瓶时，应使用专门的抬架或小推车；严禁氧气瓶与乙炔瓶混合搬运；禁止直接使用钢丝绳、链条捆绑搬运。

(4)开关气瓶应使用专用工具。

(5)严禁敲击、碰撞气瓶，作业人员工作时不得吸烟。

第4部分 相关法律法规及务工常识

一、相关法律法规(摘录)

1. 中华人民共和国建筑法(摘录)

第三十六条　建筑工程安全生产管理必须坚持安全第一、预防为主的方针,建立健全安全生产的责任制度和群防群治制度。

第四十四条　建筑施工企业必须依法加强对建筑安全生产的管理,执行安全生产责任制度,采取有效措施,防止伤亡和其他安全生产事故的发生。

建筑施工企业的法定代表人对本企业的安全生产负责。

第四十六条　建筑施工企业应当建立健全劳动安全生产教育培训制度,加强对职工安全生产的教育培训;未经安全生产教育培训的人员,不得上岗作业。

第四十七条　建筑施工企业和作业人员在施工过程中,应当遵守有关安全生产的法律、法规和建筑行业安全规章、规程,不得违章指挥或者违章作业。作业人员有权对影响人身健康的作业程序和作业条件提出改进意见,有权获得安全生产所需的防护用品。作业人员对危及生命安全和人身健康的行为有权提出批评、检举和控告。

第四十八条　建筑施工企业应当依法为职工参加工伤保险,缴纳工伤保险费,鼓励企业为从事危险作业的职工办理意外伤害保险，支付保险费。

第五十一条　施工中发生事故时，建筑施工企业应当采取紧急措施减少人员伤亡和事故损失，并按照国家有关规定及时向有关部门报告。

2. 中华人民共和国劳动法（摘录）

第三条　劳动者享有平等就业和选择职业的权利、取得劳动报酬的权利、休息休假的权利、获得劳动安全卫生保护的权利、接受职业技能培训的权利、享受社会保险和福利的权利、提请劳动争议处理的权利以及法律规定的其他劳动权利。劳动者应当完成劳动任务，提高职业技能，执行劳动安全卫生规程，遵守劳动纪律和职业道德。

第十五条　禁止用人单位招用未满十六周岁的未成年人。

第十六条　劳动合同是劳动者与用人单位确立劳动关系、明确双方权利和义务的协议。

建立劳动关系应当订立劳动合同。

第五十四条　用人单位必须为劳动者提供符合国家规定的劳动安全卫生条件和必要的劳动防护用品，对从事有职业危害作业的劳动者应当定期进行健康检查。

第五十五条　从事特种作业的劳动者必须经过专门培训并取得特种作业资格。

第五十六条　劳动者在劳动过程中必须严格遵守安全操作规程。劳动者对用人单位管理人员违章指挥、强令冒险作业，有权拒绝执行；对危害生命安全和身体健康的行为，有权提出批评、检举和控告。

第五十八条　国家对女职工和未成年工实行特殊劳动保护。

未成年工是指年满十六周岁、未满十八周岁的劳动者。

第六十八条　用人单位应当建立职业培训制度，按照国家规定提取和使用职业培训经费，根据本单位实际，有计划地对劳动者进行职业培训。从事技术工种的劳动者，上岗前必须经过培训。

第七十二条　用人单位和劳动者必须依法参加社会保险，缴纳社会保险费。

第七十七条　用人单位与劳动者发生劳动争议，当事人可以依法申请调解、仲裁、提起诉讼，也可协商解决。调解原则适用于仲裁和诉讼程序。

3. 中华人民共和国安全生产法(摘录)

第六条　生产经营单位的从业人员有依法获得安全生产保障的权利，并应当依法履行安全生产方面的义务。

第十七条　生产经营单位应当具备本法和有关法律、行政法规和国家标准或者行业标准规定的安全生产条件；不具备安全生产条件的，不得从事生产经营活动。

第十八条　生产经营单位的主要负责人对本单位安全生产工作负有下列职责：

(一)建立、健全本单位安全生产责任制；

(二)组织制定本单位安全生产规章制度和操作规程；

(三)组织制定并实施本单位安全生产教育和培训计划；

(四)保证本单位安全生产投入的有效实施；

(五)督促、检查本单位的安全生产工作，及时消除生产安全事故隐患；

(六)组织制定并实施本单位的生产安全事故应急救援预案；

（七）及时、如实报告生产安全事故。

第二十五条　生产经营单位应当对从业人员进行安全生产教育和培训，保证从业人员具备必要的安全生产知识，熟悉有关的安全生产规章制度和安全操作规程，掌握本岗位的安全操作技能，了解事故应急处理措施，知悉自身在安全生产方面的权利和义务。未经安全生产教育和培训合格的从业人员，不得上岗作业。

第二十七条　生产经营单位的特种作业人员必须按照国家有关规定经专门的安全作业培训，取得相应资格，方可上岗作业。

特种作业人员的范围由国务院安全生产监督管理部门会同国务院有关部门确定。

第四十一条　生产经营单位应当教育和督促从业人员严格执行本单位的安全生产规章制度和安全操作规程；并向从业人员如实告知作业场所和工作岗位存在的危险因素、防范措施以及事故应急措施。

第四十二条　生产经营单位必须为从业人员提供符合国家标准或者行业标准的劳动防护用品，并监督、教育从业人员按照使用规则佩戴、使用。

第四十四条　生产经营单位应当安排用于配备劳动防护用品、进行安全生产培训的经费。

第四十八条　生产经营单位必须依法参加工伤保险，为从业人员缴纳保险费。

国家鼓励生产经营单位投保安全生产责任保险。

第四十九条　生产经营单位与从业人员订立的劳动合同，应当载明有关保障从业人员劳动安全、防止职业危害的事项，以及依法为从业人员办理工伤保险的事项。

生产经营单位不得以任何形式与从业人员订立协议，免除或者减轻其对从业人员因生产安全事故伤亡依法应承担的责任。

第五十条　生产经营单位的从业人员有权了解其作业场所和工作岗位存在的危险因素、防范措施及事故应急措施，有权对本单位的安全生产工作提出建议。

第五十一条　从业人员有权对本单位安全生产工作中存在的问题提出批评、检举、控告，有权拒绝违章指挥和强令冒险作业。

生产经营单位不得因从业人员对本单位安全生产工作提出批评、检举、控告或者拒绝违章指挥、强令冒险作业而降低其工资、福利等待遇，或者解除与其订立的劳动合同。

第五十二条　从业人员发现直接危及人身安全的紧急情况时，有权停止作业或者在采取可能的应急措施后撤离作业场所。

生产经营单位不得因从业人员在前款紧急情况下停止作业或者采取紧急撤离措施而降低其工资、福利等待遇或者解除与其订立的劳动合同。

第五十三条　因生产安全事故受到损害的从业人员，除依法享有工伤保险外，依照有关民事法律尚有获得赔偿的权利的，有权向本单位提出赔偿要求。

第五十四条　从业人员在作业过程中，应当严格遵守本单位的安全生产规章制度和操作规程，服从管理，正确佩戴和使用劳动防护用品。

第五十五条　从业人员应当接受安全生产教育和培训，掌握本职工作所需的安全生产知识，提高安全生产技能，增强事故预防和应急处理能力。

第五十六条　从业人员发现事故隐患或者其他不安全因

素，应当立即向现场安全生产管理人员或者本单位负责人报告；接到报告的人员应当及时予以处理。

4. 建设工程安全生产管理条例（摘录）

第十八条　施工起重机械和整体提升脚手架、模板等自升式架设设施的使用达到国家规定的检验、检测期限的，必须经具有专业资质的检验、检测机构检测。经检测不合格的，不得继续使用。

第二十五条　垂直运输机械作业人员、安装拆卸工、爆破作业人员、起重信号工、登高架设作业人员等特种作业人员，必须按照国家有关规定经过专门的安全作业培训，并取得特种作业操作资格证书后，方可上岗作业。

第二十七条　建设工程施工前，施工单位负责项目管理的技术人员应当对有关安全施工的技术要求向施工作业班组、作业人员做出详细说明，并由双方签字确认。

第二十八条　施工单位应当在施工现场入口处、施工起重机械、临时用电设施、脚手架、出入通道口、楼梯口、电梯井口、孔洞口、桥梁口、隧道口、基坑边沿、爆破物及有害危险气体和液体存放处等危险部位，设置明显的安全警示标志。安全标志必须符合国家标准。

第二十九条　施工单位应当将施工现场的办公、生活区与作业区分开设置，并保持安全距离；办公、生活区的选择应当符合安全性要求。职工的膳食、饮水、休息场所等应当符合卫生标准。施工单位不得在尚未竣工的建筑物内设置员工集体宿舍。

施工现场临时搭建的建筑物应当符合安全使用要求。施工现场使用的装配式活动房屋应当具有产品合格证。

第三十二条　施工单位应当向作业人员提供安全防护用具

和安全防护服装，并书面告知危险岗位的操作规程和违章操作的危害。

作业人员有权对施工现场的作业条件、作业程序和作业方式中存在的安全问题提出批评、检举和控告，有权拒绝违章指挥和强令冒险作业。

在施工中发生危及人身安全的紧急情况时，作业人员有权立即停止作业或者在采取必要的应急措施后撤离危险区域。

第三十三条　作业人员应当遵守安全施工的强制性标准、规章制度和操作规程，正确使用安全防护用具、机械设备等。

第三十六条　施工单位应当对管理人员和作业人员每年至少进行一次安全生产教育培训，其教育培训情况记入个人工作档案。安全生产教育培训考核不合格的人员，不得上岗。

第三十七条　作业人员进入新的岗位或者新的施工现场前，应当接受安全生产教育培训。未经教育培训或者教育培训考核不合格的人员，不得上岗作业。

施工单位在采用新技术、新工艺、新设备、新材料时，应当对作业人员进行相应的安全生产教育培训。

第三十八条　施工单位应当为施工现场从事危险作业的人员办理意外伤害保险。

意外伤害保险费由施工单位支付。

5. 工伤保险条例（摘录）

第二条　中华人民共和国境内的企业、事业单位、社会团体、民办非企业单位、基金会、律师事务所、会计师事务所等组织和有雇工的个体工商户（以下称用人单位）应当依照本条例规定参加工伤保险，为本单位全部职工或者雇工（以下称职工）缴纳工伤保险费。

中华人民共和国境内的企业、事业单位、社会团体、民办非企业单位、基金会、律师事务所、会计师事务所等组织的职工和个体工商户的雇工，均有依照本条例的规定享受工伤保险待遇的权利。

第十条　用人单位应当按时缴纳工伤保险费。职工个人不缴纳工伤保险费。

第二十一条　职工发生工伤，经治疗伤情相对稳定后存在残疾、影响劳动能力的，应当进行劳动能力鉴定。

第三十条　职工因工作遭受事故伤害或者患职业病进行治疗，享受工伤医疗待遇……

二、务工就业及社会保险

1. 劳动合同

(1)用人单位应当依法与劳动者签订劳动合同。

劳动合同是劳动者与用人单位确立劳动关系、明确双方权利和义务的协议。建立劳动关系应当订立劳动合同。订立和变更劳动合同，应遵循平等自愿、协商一致的原则，不得违反法律、行政法规的规定。劳动合同应当具备以下必备条款：

①劳动合同期限。即劳动合同的有效时间。

②工作内容。即劳动者在劳动合同有效期内所从事的工作岗位(工种)，以及工作应达到的数量、质量指标或者应当完成的任务。

③劳动保护和劳动条件。即为了保障劳动者在劳动过程中的安全、卫生及其他劳动条件，用人单位根据国家有关法律、法规而采取的各项保护措施。

④劳动报酬。即在劳动者提供了正常劳动的情况下，用人

单位应当支付的工资。

⑤劳动纪律。即劳动者在劳动过程中必须遵守的工作秩序和规则。

⑥劳动合同终止的条件。即除了期限以外其他由当事人约定的特定法律事实，这些事实一出现，双方当事人之间的权利义务关系终止。

⑦违反劳动合同的责任。即当事人不履行劳动合同或者不完全履行劳动合同，所应承担的相应法律责任。

(2)试用期应包括在劳动合同期限之中。

根据《中华人民共和国劳动法》(以下简称《劳动法》)规定，用人单位与劳动者签订的劳动合同期限可以分为三类：

①有固定期限，即在合同中明确约定效力期间，期限可长可短，长到几年、十几年，短到一年或者几个月。

②无固定期限，即劳动合同中只约定了起始日期，没有约定具体终止日期。无固定期限劳动合同可以依法约定终止劳动合同条件，在履行中只要不出现约定的终止条件或法律规定的解除条件，一般不能解除或终止，劳动关系可以一直存续到劳动者退休为止。

③以完成一定的工作为期限，即以完成某项工作或者某项工程为有效期限，该项工作或者工程一经完成，劳动合同即终止。

签订劳动合同可以不约定试用期，也可以约定试用期，但试用期最长不得超过6个月。劳动合同期限在6个月以下的，试用期不得超过15日；劳动合同期限在6个月以上1年以下的，试用期不得超过30日；劳动合同期限在1年以上2年以下的，试用期不得超过60日。试用期包括在劳动合同期限中。非全日制劳动合同，不得约定试用期。

(3)订立劳动合同时，用人单位不得向劳动者收取定金、保证金或扣留居民身份证。

根据劳动保障部《劳动力市场管理规定》，禁止用人单位招用人员时向求职者收取招聘费用、向被录用人员收取保证金或抵押金、扣押被录用人员的身份证等证件。用人单位违反规定的，由劳动保障行政部门责令改正，并可处以1000元以下罚款；对当事人造成损害的，应承担赔偿责任。

(4)劳动者不必履行无效的劳动合同。

①无效的劳动合同是指不具有法律效力的劳动合同。根据《劳动法》的规定，下列劳动合同无效：

a. 违反法律、行政法规的劳动合同。

b. 采取欺诈、威胁等手段订立的劳动合同。劳动合同的无效，由劳动争议仲裁委员会或者人民法院确认。无效的劳动合同，从订立的时候起，就没有法律约束力。也就是说，劳动者自始至终都无须履行无效劳动合同。确认劳动合同部分无效的，如果不影响其余部分的效力，其余部分仍然有效。

②由于用人单位的原因订立的无效合同，对劳动者造成损害的，应当承担赔偿责任。具体包括：

a. 造成劳动者工资收入损失的，按劳动者本人应得工资收入支付给劳动者，并加付应得工资收入25%的赔偿费用。

b. 造成劳动者劳动保护待遇损失的，应按国家规定补足劳动者的劳动保护津贴和用品。

c. 造成劳动者工伤、医疗待遇损失的，除按国家规定为劳动者提供工伤、医疗待遇外，还应支付劳动者相当于医疗费用25%的赔偿费用。

d. 造成女职工和未成年工身体健康损害的，除按国家规定提供治疗期间的医疗待遇外，还应支付相当于其医疗费用25%

的赔偿费用。

e.劳动合同约定的其他赔偿费用。

(5)用人单位不得随意变更劳动合同。

劳动合同的变更,是指劳动关系双方当事人就已订立的劳动合同的部分条款达成修改、补充或者废止协定的法律行为。《劳动法》规定,变更劳动合同,应当遵循平等自愿、协商一致的原则,不得违反法律、行政法规的规定。经双方协商同意依法变更后的劳动合同继续有效,对双方当事人都有约束力。

(6)解除劳动合同应当符合《劳动法》的规定。

劳动合同的解除,是指劳动合同有效成立后至终止前这段时期内,当具备法律规定的劳动合同解除条件时,因用人单位或劳动者一方或双方提出,而提前解除双方的劳动关系。根据《劳动法》的规定,劳动者可以和用人单位协商解除劳动合同,也可以在符合法律规定的情况下单方解除劳动合同。

①劳动者单方解除。

a.《劳动法》第三十一条规定:劳动者解除劳动合同,应当提前三十日以书面形式通知用人单位。这是劳动者解除劳动合同的条件和程序。劳动者提前三十日以书面形式通知用人单位解除劳动合同,无须征得用人单位的同意,用人单位应及时办理有关解除劳动合同的手续。但由于劳动者违反劳动合同的有关约定而给用人单位造成经济损失的,应依据有关规定和劳动合同的约定,由劳动者承担赔偿责任。

b.《劳动法》第三十二条规定:有下列情形之一的,劳动者可以随时通知用人单位解除劳动合同:

(a)在试用期内的;

(b)用人单位以暴力、威胁或者非法限制人身自由的手段强迫劳动的;

(c)用人单位未按照劳动合同约定支付劳动报酬或者提供劳动条件的。

②用人单位单方解除。

a.《劳动法》第二十五条规定，劳动者有下列情形之一的，用人单位可以解除劳动合同：

(a)在试用期间被证明不符合录用条件的；

(b)严重违反劳动纪律或者用人单位规章制度的；

(c)严重失职、营私舞弊，对用人单位利益造成重大损害的；

(d)被依法追究刑事责任的。

b.《劳动法》第二十六条规定：有下列情形之一的，用人单位可以解除劳动合同，但是应当提前三十日以书面形式通知劳动者本人：

(a)劳动者患病或者非因工负伤，医疗期满后，既不能从事原工作也不能从事由用人单位另行安排的工作的；

(b)劳动者不能胜任工作，经过培训或者调整工作岗位，仍不能胜任工作的；

(c)劳动合同订立时所依据的客观情况发生重大变化，致使原劳动合同无法履行，经当事人协商不能就变更劳动合同达成协议的。

c.《劳动法》第二十七条规定：用人单位濒临破产进行法定整顿期间或者生产经营状况发生严重困难，确需裁减人员的，应当提前三十日向工会或者全体职工说明情况，听取工会或者职工的意见，经向劳动保障行政部门报告后，可以裁减人员。并且规定，用人单位自裁减人员之日起六个月内录用人员的，应当优先录用被裁减的人员。

(7)用人单位解除劳动合同应当依法向劳动者支付经济补偿金。

根据《劳动法》规定，在下列情况下，用人单位解除与劳动者的劳动合同，应当根据劳动者在本单位的工作年限，每满一年发给相当于一个月工资的经济补偿金：

①经劳动合同当事人协商一致，由用人单位解除劳动合同的。

②劳动者不能胜任工作，经过培训或者调整工作岗位仍不能胜任工作，由用人单位解除劳动合同的。

以上两种情况下支付经济补偿金，最多不超过12个月。

③劳动合同订立时所依据的客观情况发生了重大变化，致使原劳动合同无法履行，经当事人协商不能就变更劳动合同达成协议，由用人单位解除劳动合同的。

④用人单位濒临破产进行法定整顿期间或者生产经营状况发生严重困难，必须裁减人员，由用人单位解除劳动合同的。

⑤劳动者患病或者非因工负伤，经劳动鉴定委员会确认不能从事原工作，也不能从事用人单位另行安排的工作而解除劳动合同的；在这类情况下，同时应发给不低于6个月工资的医疗补助费。劳动者患重病或者绝症的还应增加医疗补助费，患重病的增加部分不低于医疗补助费的50％，患绝症的增加部分不低于医疗补助费的100％。

另外，用人单位解除劳动者劳动合同后，未按以上规定给予劳动者经济补偿的，除必须全额发给经济补偿金外，还须按欠发经济补偿金数额的50％支付额外经济补偿金。

经济补偿金应当一次性发给。劳动者在本单位工作时间不满一年的按一年的标准计算。计算经济补偿金的工资标准是企业正常生产情况下，劳动者解除合同前12个月的月平均工资；在以上第③、④、⑤类情况下，给予经济补偿金的劳动者月平均工资低于企业月平均工资的，应按企业月平均工资支付。

(8)用人单位不得随意解除劳动合同。

《劳动法》及《违反〈劳动法〉有关劳动合同规定的赔偿办法》（劳部发[1995]223号）规定，用人单位不得随意解除劳动合同。用人单位违法解除劳动合同的，由劳动保障行政部门责令改正；对劳动者造成损害的，应当承担赔偿责任。具体赔偿标准是：

①造成劳动者工资收入损失的，按劳动者本人应得工资收入支付劳动者，并加付应得工资收入25％的赔偿费用。

②造成劳动者劳动保护待遇损失的，应按国家规定补足劳动者的劳动保护津贴和用品。

③造成劳动者工伤、医疗待遇损失的，除按国家规定为劳动者提供工伤、医疗待遇外，还应支付劳动者相当于医疗费用25％的赔偿费用。

④造成女职工和未成年工身体健康损害的，除按国家规定提供治疗期间的医疗待遇外，还应支付相当于其医疗费用25％的赔偿费用。

⑤劳动合同约定的其他赔偿费用。

2. 工资

(1)用人单位应该按时足额支付工资。

《劳动法》中的“工资”是指用人单位依据国家有关规定或劳动合同的约定，以货币形式直接支付给本单位劳动者的劳动报酬，一般包括计时工资、计件工资、奖金、津贴和补贴、延长工作时间的工资报酬以及特殊情况下支付的工资等。

(2)用人单位不得克扣劳动者工资。

《劳动法》以及《违反〈中华人民共和国劳动法〉行政处罚办法》等规定，用人单位不得克扣劳动者工资。用人单位克扣劳动者工资的，由劳动保障行政部门责令支付劳动者的工资报酬，并加发相当于工资报酬25%的经济补偿金。并可责令用人单位按相当于支付劳动者工资报酬、经济补偿总和的一至五倍支付劳动者赔偿金。

"克扣工资"是指用人单位无正当理由扣减劳动者应得工资(即在劳动者已提供正常劳动的前提下,用人单位按劳动合同规定的标准应当支付给劳动者的全部劳动报酬)。

(3)用人单位不得无故拖欠劳动者工资。

《劳动法》以及《违反〈中华人民共和国劳动法〉行政处罚办法》等规定,用人单位无故拖欠劳动者工资的,由劳动保障行政部门责令支付劳动者的工资报酬,并加发相当于工资报酬25%的经济补偿金。并可责令用人单位按相当于支付劳动者工资报酬、经济补偿总和的一至五倍支付劳动者赔偿金。

"无故拖欠工资"是指用人单位无正当理由超过规定付薪时间未支付劳动者工资。

(4)农民工工资标准。

①在劳动者提供正常劳动的情况下,用人单位支付的工资不得低于当地最低工资标准。

根据《劳动法》、劳动保障部《最低工资规定》等规定,在劳动者提供正常劳动的情况下,用人单位应支付给劳动者的工资在剔除下列各项以后,不得低于当地最低工资标准:

a.延长工作时间工资。

b.中班、夜班、高温、低温、井下、有毒有害等特殊工作环境条件下的津贴。

c.法律、法规和国家规定的劳动者福利待遇等。

实行计件工资或提成工资等工资形式的用人单位,在科学合理的劳动定额基础上,其支付劳动者的工资不得低于相应的最低工资标准。

用人单位违反以上规定的，由劳动保障行政部门责令其限期补发所欠劳动者工资，并可责令其按所欠工资的一至五倍支付劳动者赔偿金。

②在非全日制劳动者提供正常劳动的情况下，用人单位支付的小时工资不得低于当地小时工资最低标准。

劳动保障部《最低工资规定》《关于非全日制用工若干问题的意见》规定，非全日制用工是指以小时计酬、劳动者在同一用人单位平均每日工作时间不超过 5h、累计每周工作时间不超过 30h 的用工形式。用人单位应当按时足额支付非全日制劳动者的工资，具体可以按小时、日、周或月为单位结算。在非全日制劳动者提供正常劳动的情况下，用人单位支付的小时工资不得低于当地小时工资最低标准。非全日制用工的小时工资最低标准由省、自治区、直辖市规定。

③用人单位安排劳动者加班加点应依法支付加班加点工资。

《劳动法》以及《违反〈中华人民共和国劳动法〉行政处罚办法》等规定，用人单位安排劳动者加班加点应依法支付加班加点工资。用人单位拒不支付加班加点工资的，由劳动保障行政部门责令支付劳动者的工资报酬，并加发相当于工资报酬 25%的经济补偿金。并可责令用人单位按相当于支付劳动者工资报酬、经济补偿总和的一至五倍支付劳动者赔偿金。

劳动者日工资可统一按劳动者本人的月工资标准除以每月制度工作天数进行折算。职工全年月平均工作天数和工作时间分别为 20.92 天和 167.4h，职工的日工资和小时工资按此进行折算。

3. 社会保险

(1)农民工有权参加基本医疗保险。

根据国家有关规定，各地要逐步将与用人单位形成劳动关系的农村进城务工人员纳入医疗保险范围。根据农村进城务工人员的特点和医疗需求，合理确定缴费率和保障方式，解决他们在务工期间的大病医疗保障问题，用人单位要按规定为其缴纳医疗保险费。对在城镇从事个体经营等灵活就业的农村进城务工人员，可以按照灵活就业人员参保的有关规定参加医疗保险。据此，在已经将农民工纳入医疗保险范围的地区，农民工有权参加医疗保险，用人单位和农民工本人应依法缴纳医疗保险费，农民工患病时，可以按照规定享受有关医疗保险待遇。

(2)农民工有权参加基本养老保险。

按照国务院《社会保险费征缴暂行条例》等有关规定，基本养老保险覆盖范围内的用人单位的所有职工，包括农民工，都应该参加养老保险，履行缴费义务。参加养老保险的农民合同制职工，在与企业终止或解除劳动关系后，由社会保险经办机构保留其养老保险关系，保管其个人账户并计息。凡重新就业的，应接续或转移养老保险关系；也可按照省级政府的规定，根据农民合同制职工本人申请，将其个人账户个人缴费部分一次性支付给本人，同时终止养老保险关系。农民合同制职工在男年满60周岁、女年满55周岁时，累计缴费年限满15年以上的，可按规定领取基本养老金；累计缴费年限不满15年的，其个人账户全部储存额一次性支付给本人。

(3)农民工有权参加失业保险。

根据《失业保险条例》规定，城镇企业事业单位招用的农民合同制工人应该参加失业保险，用人单位按规定为农民工缴纳社会保险费，农民合同制工人本人不缴纳失业保险费。单位招用的农民合同制工人连续工作满1年，本单位并已缴纳失业保险费，劳动合同期满未续订或者提前解除劳动合同的，由社会保险经办机构根据其工作时间长短，对其支付一次性生活补助。

补助的办法和标准由省、自治区、直辖市人民政府规定。

(4)用人单位应依法为农民工参加生育保险。

目前我国的生育保险制度还没有普遍建立，各地工作进展不平衡。从各地制定的规定看，有的地区没有将农民工纳入生育保险覆盖范围，有的地区则将农民工纳入了生育保险覆盖范围。如果农民工所在地区将农民工纳入了生育保险覆盖范围，农民工所在单位应按规定为农民工参加生育保险并缴纳生育保险费，符合规定条件的生育农民工依法享受生育保险待遇。

(5)劳动争议与调解处理。

劳动争议，也称劳动纠纷，就是指劳动关系当事人双方(用人单位和劳动者)之间因执行劳动法律、法规或者履行劳动合同以及其他劳动问题而发生劳动权利与义务方面的纠纷。

①劳动争议的范围。劳动争议的内容，是指劳动合同关系中当事人的权利与义务。所以，用人单位与劳动者之间发生的争议不都是劳动争议。只有在争议涉及劳动关系双方当事人在劳动关系中的权利和义务时，它才是劳动争议。劳动争议包括：因开除、除名、辞退职工和职工辞职、自动离职发生的争议；因执行国家有关工资、保险、福利、培训、劳动保护的规定发生的争议；因履行劳动合同发生的争议等。

②劳动争议处理机构。我国的劳动争议处理机构主要有：企业劳动争议调解委员会、各级政府劳动争议仲裁委员会和人民法院。根据《劳动法》等的规定：在用人单位内可以设劳动争议调解委员会，负责调解本单位的劳动争议；在县、市、市辖区应当设立劳动争议仲裁委员会；各级人民法院的民事审判庭负责劳动争议案件的审理工作。

③劳动争议的解决方法。根据我国有关法律、法规的规定，解决劳动争议的方法如下：

a. 协商。劳动争议发生后,双方当事人应当先进行协商,以达成解决方案。

b. 调解。就是企业调解委员会对本单位发生的劳动争议进行调解。从法律、法规的规定看,这并不是必经的程序。但它对于劳动争议的解决却起到很大作用。

c. 仲裁。劳动争议调解不成的,当事人可以向劳动争议仲裁委员会申请仲裁。当事人也可以直接向劳动争议仲裁委员会申请仲裁。当事人从知道或应当知道其权利被侵害之日起 60 日内,以书面形式向仲裁委员会申请仲裁。仲裁委员会应当自收到申请书之日起 7 日内做出受理或不予受理的决定。

d. 诉讼。当事人对仲裁裁决不服的,可以自收到仲裁裁决之日起 15 日内向人民法院起诉。人民法院民事审判庭受理和审理劳动争议案件。

④维护自身权益要注意法定时限。劳动者通过法律途径维护自身权益,一定要注意不能超过法律规定的时限。劳动者通过劳动争议仲裁、行政复议等法律途径维护自身合法权益,或者申请工伤认定、职业病诊断与鉴定等,一定要注意在法定的时限内提出申请。如果超过了法定时限,有关申请可能不会被受理,致使自身权益难以得到保护。主要的时限包括:

a. 申请劳动争议仲裁的,应当在劳动争议发生之日(即当事人知道或应当知道其权利被侵害之日)起 60 日内向劳动争议仲裁委员会申请仲裁。

b. 对劳动争议仲裁裁决不服、提起诉讼的,应当自收到仲裁裁决书之日起 15 日内,向人民法院提起诉讼。

c. 申请行政复议的,应当自知道该具体行政行为之日起 60 日内提出行政复议申请。

d. 对行政复议决定不服、提起行政诉讼的,应当自收到行政复议决定书之日起15日内，向人民法院提起行政诉讼。

e. 直接向人民法院提起行政诉讼的，应当在知道做出具体行政行为之日起3个月内提出，法律另有规定的除外。因不可抗力或者其他特殊情况耽误法定期限的，在障碍消除后的10日内，可以申请延长期限，由人民法院决定。

f. 申请工伤认定的，所在单位应当自事故伤害发生之日或者被诊断、鉴定为职业病之日起30日内，向统筹地区劳动保障行政部门提出工伤认定申请。遇有特殊情况，经报劳动保障行政部门同意，申请时限可以适当延长。用人单位未按前款规定提出工伤认定申请的，工伤职工或者其直系亲属、工会组织在事故伤害发生之日或者被诊断、鉴定为职业病之日起1年内，可以直接向用人单位所在地统筹地区劳动保障行政部门提出工伤认定申请。

三、工人健康卫生知识

1. 常见疾病的预防和治疗

(1)流行性感冒。

①流行性感冒的传播方式。流行性感冒简称流感，是由流感病毒引起的一种急性呼吸道传染病。流感的传染源主要是患者，病后1～7天均有传染性。流感主要通过呼吸道传播，传染性很强，常引起流行。一般常突然发生，迅速蔓延，患者数多。

提示：发生流行性感冒时应注意与病人保持一定距离，以免被传染。

②流行性感冒的症状。流感的症状与感冒类似，主要是发热及上呼吸道感染症状，如咽痛、鼻塞、流鼻涕、打喷嚏、咳嗽等。流感的全身症状重，而局部症状很轻。

③流行性感冒的预防。

a.最主要的是注射流感疫苗，疫苗应于流感流行前1～2个月注射。因流感冬季易发，故常于每年10月左右进行注射。

b.应当尽量避免接触病人，流行期间不到人多的地方去。

c.增强身体抵抗力最重要，生活规律、适当锻炼、合理营养、精神愉快非常关键。

d.避免过累、精神紧张、着凉、酗酒等。

(2)细菌性痢疾。

①细菌性痢疾的传播方式。细菌性痢疾(简称菌痢)，是夏秋季节最常见的急性肠道传染病，由痢疾杆菌引起，以结肠化脓性炎症为主要病变。菌痢主要通过粪一口途径传播，即患者大便中的痢疾杆菌可以污染手、食物、水、蔬菜、水果等而进入口中引起感染。细菌性痢疾终年均有发生，但多流行于夏秋季节。人群对此病普遍易感，幼儿及青壮年发病率较高。

②细菌性痢疾的症状。细菌性痢疾病情可轻可重，轻者仅有轻度腹泻，重者可有发热、全身不适、乏力、恶心、呕吐、腹痛、腹泻。腹泻次数由一日数次至十数次不等，患者常有老想解大便可总也解不干净的感觉(里急后重)，患者大便中常有黏液，重者有脓血。

③细菌性痢疾的预防。

a.做好痢疾患者的粪便、呕吐物的消毒处理，管理好水源，防止病菌污染水源、土壤及农作物；患者使用过的厕所、餐具等也应消毒。

b.不喝生水，不生吃水产品，蔬菜要洗净、炒熟再吃，水果应洗净削皮后食用。

c.养成饭前、便后洗手的习惯，不吃被苍蝇、蟑螂叮咬过或爬过的食物，积极做好灭苍蝇、灭蟑螂工作。

d. 加强体育锻炼，增强体质。

重点：注意个人卫生，养成饭前、便后洗手的习惯。

(3)食物中毒。

①细菌性食物中毒的传播方式。细菌性食物中毒是由于进食被细菌或细菌毒素污染的食物而引起的急性感染中毒性疾病。细菌性食物中毒是典型的肠道传染病，发生原因主要有以下几个方面：

a. 食物在宰杀或收割、运输、储存、销售等过程中受到病菌的污染。

b. 被致病菌污染的食物在较高的温度下存放，食品中充足的水分、适宜的酸碱度及营养条件使致病菌大量繁殖或产生毒素。

c. 食品在食用前未烧透或熟食受到生食交叉污染。

d. 在缺氧环境中(如罐头等)肉毒杆菌产生毒素。

②细菌性食物中毒的症状。胃肠型细菌性食物中毒是食物中毒中最常见的一种，是由于食用了被细菌或细菌毒素污染的食物所引起的。绝大多数患者表现为胃肠炎的症状，如恶心、呕吐、腹痛、腹泻、排水样便等。腹泻一天数次到数十次不等，多数是稀水样便，个别人可有黏液血便、血水样便等，极少数患者可以发生败血症。

③细菌性食物中毒的预防。

a. 防止食品污染。加强对污染源的管理，做好牲畜屠宰前后的卫生检验，防止感染；对海鲜类食品应加强管理，防止污染其他食品；要严防食品加工、贮存、运输、销售过程中被病原体污染；食品容器、刀具等应严格生熟分开使用，做好消毒工作，防止交叉污染；生产场所、厨房、食堂等要有防蝇、防鼠设备；严格遵守饮食行业和炊事人员的个人卫生制度；患化脓性病症和上呼吸道感染的患者,在治愈前不应参加接触食品的工作。

b.控制病原体繁殖及外毒素的形成。食品应低温保存或放在阴凉通风处,食品中加盐量达10%也可有效控制细菌繁殖及毒素形成。

c.彻底加热杀灭细菌及破坏毒素。这是防止食物中毒的重要措施,要彻底杀灭肉中的病原体,肉块不应太大,加热时其内部温度可以达到80℃,这样持续12min就可将细菌杀死。

d.凡是食品在加工和保存过程中有厌氧环境存在,均应防止肉毒杆菌的污染,过期罐头——特别是产气罐头(其盖鼓起)均勿食用。

(4)病毒性肝炎。

①病毒性肝炎的类型。病毒性肝炎是由多种肝炎病毒引起的,以肝脏损害为主的一组全身性传染病。按病原体分类,目前已确定的有甲型肝炎、乙型肝炎、丙型肝炎、丁型肝炎、戊型肝炎。通过实验诊断排除上述类型的肝炎者,称为“非甲—戊型肝炎”。

②病毒性肝炎的传染源。

a.甲型肝炎无病毒携带状态,传染源为急性期患者和隐性感染者。粪便排毒期在起病前2周至血清转氨酶高峰期后1周,少数患者延长至病后30天。

b.乙型肝炎属于常见传染病,可通过母婴、血液和体液传播。传染源主要是急、慢性乙型肝炎患者和病毒携带者。急性患者在潜伏期末及急性期有传染性,但不超过6个月。慢性患者和病毒携带者作为传染源预防的意义重大。

c.丙型肝炎的传染源是急、慢性患者和无症状病毒携带者。

d.丁型肝炎的传染源与乙型肝炎相似。

e.戊型肝炎的传染源与甲型肝炎相似。

③病毒性肝炎的症状。

a. 疲乏无力、懒动、下肢酸困不适，稍加活动则难以支持。

b. 食欲不振、食欲减退、厌油、恶心、呕吐及腹胀，往往食后加重。

c. 部分病人尿黄、尿色如浓茶，大便色淡或灰白，腹泻或便秘。

d. 右上腹部有持续性腹痛，个别病人可呈针刺样或牵拉样疼痛，于活动、久坐后加重，卧床休息后可缓解，右侧卧时加重，左侧卧时减轻。

e. 医生检查可有肝脏肿大、压痛、肝区叩击痛、肝功能损害，部分病例出现发热及黄疸表现。

f. 血清谷丙转氨酶及血中总胆红素升高有助于诊断，也可进一步做血清免疫学检查及明确肝炎类型。

④病毒性肝炎的预防。病毒性肝炎预防应采取以切断传播途径为重点的综合性措施。

对甲型、戊型肝炎，重点抓好水源保护、饮水消毒、食品加工、粪便管理等，切断粪—口途径传播，注意个人卫生，饭前、便后洗手，不喝生水，生吃瓜果要洗净。对于急性病如甲型和戊型肝炎病人接触的易感人群，应注射人血丙种球蛋白，注射时间越早越好。

对乙型、丙型和丁型肝炎，重点在于防止通过血液和体液的传播，各种医疗及预防注射，应实行一人一针一管，对带血清的污染物应严格消毒，对血液和血液制品应严格检测。对学龄前儿童和密切接触者，应接种乙肝疫苗；乙肝疫苗和乙肝免疫球蛋白联合应用可有效地阻断母婴传播；医务人员在工作中因医疗意外或医疗操作不慎感染乙肝病毒，应立即注射免疫球蛋白。

2. 职业病的预防和治疗

(1)职业病定义。

所谓职业病，是指企业、事业单位和个体经济组织的劳动者在职业活动中，因接触粉尘、放射性物质和其他有毒、有害物质等因素而引起的疾病。对于患职业病的，我国法律规定，应属于工伤，享受工伤待遇。

(2)建筑企业常见的职业病。

①接触各种粉尘引起的尘肺病。

②电焊工尘肺、眼病。

③直接操作振动机械引起的手臂振动病。

④油漆工、粉刷工接触有机材料散发的不良气体引起的中毒。

⑤接触噪声引起的职业性耳聋。

⑥长期超时、超强度地工作，精神长期过度紧张造成相应职业病。

⑦高温中暑等。

(3)职业病鉴定与保障。

劳动者如果怀疑所得的疾病为职业病，应当及时到当地卫生部门批准的职业病诊断机构进行职业病诊断。对诊断结论有异议的，可以在30日内到市级卫生行政部门申请职业病诊断鉴定，鉴定后仍有异议的，可以在15日内到省级卫生行政部门申请再鉴定。被诊断、鉴定为职业病，所在单位应当自被诊断、鉴定为职业病之日起30日内，向统筹地区劳动保障行政部门提出工伤认定申请。

提示：劳动者日常需要注意收集与职业病相关的材料。

(4)职业病的诊断。

根据《中华人民共和国职业病防治法》(以下简称《职业病防治法》)和《职业病诊断与鉴定管理办法》的有关规定，具体程序为：

①职业病诊断应当由省级以上人民政府卫生行政部门批准的医疗卫生机构承担，劳动者可以在用人单位所在地或者本人居住地依法承担职业病诊断的医疗卫生机构进行职业病诊断。

②当事人申请职业病诊断时应当提供以下材料：

a. 职业史、既往史。

b. 职业健康监护档案复印件。

c. 职业健康检查结果。

d. 工作场所历年职业病危害因素检测、评价资料。

e. 诊断机构要求提供的其他必需的有关材料。

③职业病诊断应当依据职业病诊断标准，结合职业病危害接触史、工作场所职业病危害因素检测与评价、临床表现和医学检查结果等资料，综合做出分析。

④职业病诊断机构在进行职业病诊断时，应当组织三名以上取得职业病诊断资格的执业医师进行集体诊断。

⑤职业病诊断机构做出职业病诊断后，应当向当事人出具职业病诊断证明书。职业病诊断证明书应当明确是否患有职业病，对患有职业病的，还应当载明所患职业病的名称、程度(期别)、处理意见和复查时间。

⑥当事人对职业病诊断有异议的，在接到职业病诊断证明书之日起 30 日内，可以向做出诊断的医疗卫生机构所在地的市级卫生行政部门申请鉴定。

⑦当事人申请职业病诊断鉴定时，应当提供以下材料：

a. 职业病诊断鉴定申请书。

b. 职业病诊断证明书。

c.其他有关资料。职业病诊断鉴定办事机构应当自收到申请资料之日起10日内完成材料审核,对材料齐全的发给受理通知书;材料不全的,通知当事人补充。职业病诊断鉴定办事机构应当在受理鉴定之日起60日内组织鉴定。

⑧鉴定委员会应当认真审查当事人提供的材料,必要时可听取当事人的陈述和申辩,对被鉴定人进行医学检查,对被鉴定人的工作场所进行现场调查取证。

⑨职业病诊断鉴定书应当包括以下内容:

a.劳动者、用人单位的基本情况及鉴定事由。

b.参加鉴定的专家情况。

c.鉴定结论及其依据,如果为职业病,应当注明职业病名称、程度(期别)。

d.鉴定时间。职业病诊断鉴定书应当于鉴定结束之日起20日内由职业病诊断鉴定办事机构发送给当事人。

(5)劳动者有权利拒绝从事容易发生职业病的工作。

劳动者依法享有保持自己身体健康的权利,因此,对于是否选择从事存在职业病危害的工作,应当由劳动者依照其自己的意愿决定。而要使劳动者能够自行决定是否选择从事该工作,就应当保证劳动者对相关工作内容以及其可能带来的危害有一定的了解。正因为如此,《职业病防治法》规定:"用人单位与劳动者订立劳动合同(含聘用合同,下同)时,应当将工作过程中可能产生的职业病危害及其后果、职业病防护措施和待遇等如实告知劳动者,并在劳动合同中写明,不得隐瞒或者欺骗。""劳动者在已订立劳动合同期间因工作岗位或者工作内容变更,从事与所订立劳动合同中未告知的存在职业病危害的作业时,用人单位应当依照前款规定,向劳动者履行如实告知的义务,并协商变更原劳动合同相关条款。""用人单位违反前两款规定的,劳动者有权拒绝从事存在职业病危害的作业，用人单位不得因此解除或者终止与劳动者所订立的劳动合同。”

另外，根据《职业病防治法》的规定，用人单位违反本规定，订立或者变更劳动合同时，未告知劳动者职业病危害真实情况的，由卫生行政部门责令限期改正，给予警告，可以并处 2 万元以上 5 万元以下的罚款。

根据前述规定，如果用人单位没有将工作过程中可能产生的职业病危害及其后果、职业病防护措施和待遇等如实告知劳动者，并在劳动合同中写明，那么劳动者就有权利拒绝从事存在职业病危害的作业，并且用人单位不得因劳动者拒绝从事该作业而解除或者终止劳动者的劳动合同。

(6)患职业病的劳动者有权获得相应的保障。

①患职业病的劳动者有权利获得职业保障。《中华人民共和国劳动合同法》规定，用人单位以下情形不得解除劳动合同：

a. 患职业病或者因工负伤并确认丧失或者部分丧失劳动能力的。

b. 患病或者负伤，在规定的医疗期内的。职业病病人依法享受国家规定的职业病待遇，用人单位对不适宜继续从事原工作的职业病病人，应当调离原岗位，并妥善安置。

②患职业病的劳动者有权利获得医疗保障。《职业病防治法》规定：“职业病病人依法享受国家规定的职业病待遇。用人单位应当按照国家有关规定，安排职业病病人进行治疗、康复和定期检查。”

③患职业病的劳动者有权利获得生活保障。《职业病防治法》规定：“劳动者被诊断患有职业病，但用人单位没有依法参加工伤社会保险的，其医疗和生活保障由最后的用人单位承担。”

④患职业病的劳动者有权利依法获得赔偿。职业病病人除依法享有工伤社会保险外,依照有关民事法律,尚有获得赔偿的权利的,有权向用人单位提出赔偿要求。

(7)职工患职业病后的一次性处理规定。

职工患病后,应当先行治疗,然后进行职业病的诊断和鉴定。如果职工按照《职业病防治法》规定被诊断、鉴定为职业病,必须向劳动保障行政部门提出工伤认定申请,由劳动保障行政部门做出工伤认定。如果职工经治疗伤情相对稳定后存在残疾、影响劳动能力的,还应当进行劳动能力鉴定。最后职工才可按照《工伤保险条例》规定的标准享受工伤保险待遇。

以上程序是职工患职业病后享受工伤待遇所必需的,是切实保障职工合法权益的基础。但在实际生活中,一些用人单位和职工由于不懂工伤法律或者怕麻烦、图省事,在职工患病后就直接约定进行一次性工伤补助,这种做法是不可取的。当然,如果工伤职工愿意,待治愈或病情稳定做出工伤伤残等级鉴定后,可参照有关工伤的规定依法与企业达成一次性领取工伤待遇的相关协议。

(8)治疗职业病的有关费用支付。

首先应当明确的是,检查、治疗、诊断职业病的,劳动者本人不承担相关费用。这些费用依照规定,应当由用人单位负担或者从工伤保险基金中支付。

①职业健康检查费用由用人单位承担。

②救治急性职业病危害的劳动者,或者进行健康检查和医学观察,所需费用由用人单位承担。

③职业病诊断鉴定费用由用人单位承担。

④因职业病进行劳动能力鉴定的,鉴定费从工伤保险基金中支付。

⑤因职业病需要治疗的，相关费用按照工伤的规定处理。

还需要说明的是，不管是职业病还是其他原因发生的工伤，都必须进行彻底的治疗，相关的费用不管花了多少，都应当依法予以报销，即“工伤索赔上不封顶”。

(9)劳动者在职业病防治中须承担的义务。

①认真接受用人单位的职业卫生培训，努力学习和掌握必要的职业卫生知识。

②遵守职业卫生法规、制度、操作规程。

③正确使用与维护职业危害防护设备及个人防护用品。

④及时报告事故隐患。

⑤积极配合上岗前、在岗期间和离岗时的职业健康检查。

⑥如实提供职业病诊断、鉴定所需的有关资料等。

重点：熟知职业安全卫生警示标志，禁止不安全的操作行为，正确使用个人防护用品。

(10)建筑企业常见职业病及预防控制措施。

①接触各种粉尘引起的尘肺病预防控制措施。

作业场所防护措施：加强水泥等易扬尘的材料的存放处、使用处的扬尘防护，任何人不得随意拆除，在易扬尘部位设置警示标志。

个人防护措施：落实相关岗位的持证上岗，给施工作业人员提供扬尘防护口罩，杜绝施工操作人员的超时工作。

②电焊工尘肺、眼病的预防控制措施。

作业场所防护措施：为电焊工提供通风良好的操作空间。

个人防护措施：电焊工必须持证上岗，作业时佩戴有害气体防护口罩、眼睛防护罩，杜绝违章作业，采取轮流作业，杜绝施工操作人员的超时工作。

③直接操作振动机械引起的手臂振动病的预防控制措施。

作业场所防护措施:在作业区设置预防职业病警示标志。

个人防护措施:机械操作工要持证上岗,提供振动机械防护手套,延长换班休息时间,杜绝作业人员的超时工作。

④油漆工、粉刷工接触有机材料散发不良气体引起的中毒预防控制措施。

作业场所防护措施:加强作业区的通风排气措施。

个人防护措施:相关工种持证上岗,给作业人员提供防护口罩,轮流作业,杜绝作业人员的超时工作。

⑤接触噪声引起的职业性耳聋的预防控制措施。

作业场所防护措施:在作业区设置防职业病警示标志,对噪声大的机械加强日常保养和维护,减少噪声污染。

个人防护措施:为施工操作人员提供劳动防护耳塞轮流作业,杜绝施工操作人员的超时工作。

⑥长期超时、超强度地工作,精神长期过度紧张所造成相应职业病的预防控制措施。

作业场所防护措施:提高机械化施工程度,减小工人劳动强度,为职工提供良好的生活、休息、娱乐场所,加强施工现场文明施工。

个人防护措施:不盲目抢工期,即使抢工期也必须安排充足的人员能够按时换班作业,采取8h作业换班制度,及时发放工人工资,稳定工人情绪。

⑦高温中暑的预防控制措施。

作业场所防护措施:在高温期间,为职工备足饮用水或绿豆汤、防中暑药品、器材。

个人防护措施:减少工人工作时间,尤其是延长中午休息时间。

提示:工作场所自觉做好个人安全防护。

四、工地施工现场急救知识

施工现场急救基本常识主要包括应急救援基本常识、触电急救知识、创伤救护知识、火灾急救知识、中毒及中暑急救知识以及传染病急救措施等，了解并掌握这些现场急救基本常识，是做好安全工作的一项重要内容。

1. 应急救援基本常识

(1)施工企业应建立企业级重大事故应急救援体系，以及重大事故救援预案。

(2)施工项目应建立项目重大事故应急救援体系，以及重大事故救援预案；在实行施工总承包时，应以总承包单位事故预案为主，各分包队伍也应有各自的事故救援预案。

(3)重大事故的应急救援人员应经过专门的培训，事故的应急救援必须有组织、有计划地进行；严禁在未清楚事故情况下，盲目救援，以免造成更大的伤害。

(4)事故应急救援的基本任务：

①立即组织营救受害人员，组织撤离或者采取其他措施保护危害区域内的其他人员。

②迅速控制事态，并对事故造成的危害进行检测、监测，测定事故的危害区域、危害性质及危害程度。

③消除危害后果，做好现场恢复。

④查清事故原因，评估危害程度。

2. 触电急救知识

触电者的生命能否获救，在绝大多数情况下取决于能否迅速脱离电源和正确地实行人工呼吸和心脏按摩。拖延时间、动作迟缓或救护不当，都可能造成人员伤亡。

(1)脱离电源的方法。

①发生触电事故时，附近有电源开关和电流插销的，可立即将电源开关断开或拔出插销；但普通开关（如拉线开关、单极按钮开关等）只能断一根线，有时不一定关断的是相线，所以不能认为是切断了电源。

②当有电的电线触及人体引起触电，不能采用其他方法脱离电源时，可用绝缘的物体（如干燥的木棒、竹竿、绝缘手套等）将电线移开，使人体脱离电源。

③必要时可用绝缘工具（如带绝缘柄的电工钳、木柄斧头等）切断电线，以切断电源。

④应防止人体脱离电源后造成的二次伤害，如高处坠落、摔伤等。

⑤对于高压触电，应立即通知有关部门停电。

⑥高压断电时，应戴上绝缘手套，穿上绝缘鞋，用相应电压等级的绝缘工具切断开关。

(2)紧急救护基本常识。

根据触电者的情况，进行简单的诊断，并分别处理：

①病人神志清醒，但感到乏力、头昏、心悸、出冷汗，甚至有恶心或呕吐症状。此类病人应使其就地安静休息，减轻心脏负担，加快恢复；情况严重时，应立即小心送往医院检查治疗。

②病人呼吸、心跳尚存在，但神志昏迷。此时，应将病人仰卧，周围空气要流通，并注意保暖；除了要严密观察外，还要做好人工呼吸和心脏挤压的准备工作。

③如经检查发现，病人处于“假死”状态，则应立即针对不同类型的“假死”进行对症处理：如果呼吸停止，应用口对口的人工呼吸法来维持气体交换；如心脏停止跳动，应用体外人工心脏挤

压法来维持血液循环。

a. 口对口人工呼吸法：病人仰卧、松开衣物⟶清理病人口腔阻塞物⟶病人鼻孔朝天、头后仰⟶捏住病人鼻子贴嘴吹气⟶放开嘴鼻换气，如此反复进行，每分钟吹气 12 次，即每 5s 吹气 1 次。

b. 体外心脏挤压法：病人仰卧硬板上⟶抢救者用手掌对病人胸口凹膛⟶掌根用力向下压⟶慢慢向下⟶突然放开，连续操作，每分钟进行 60 次，即每秒一次。

c. 有时病人心跳、呼吸停止，而急救者只有一人时，必须同时进行口对口人工呼吸和体外心脏挤压，此时，可先吹两次气，立即进行挤压 15 次，然后再吹两次气，再挤压，反复交替进行。

3. 创伤救护知识

创伤分为开放性创伤和闭合性创伤。开放性创伤是指皮肤或黏膜的破损，常见的有：擦伤、切割伤、撕裂伤、刺伤、撕脱、烧伤；闭合性创伤是指人体内部组织损伤，而皮肤黏膜没有破损，常见的有：挫伤、挤压伤。

(1)开放性创伤的处理。

①对伤口进行清洗消毒可用生理盐水和酒精棉球，将伤口和周围皮肤上沾染的泥沙、污物等清理干净，并用干净的纱布吸收水分及渗血，再用酒精等药物进行初步消毒。在没有消毒条件的情况下，可用清洁水冲洗伤口，最好用流动的自来水冲洗，然后用干净的布或敷料吸干伤口。

②止血。对于出血不止的伤口，能否做到及时有效地止血，对伤员的生命安危影响较大。在现场处理时，应根据出血类型和部位不同采用不同的止血方法：直接压迫——将手掌通过敷

料直接加压在身体表面的开放性伤口的整个区域；抬高肢体——对于手、臂、腿部严重出血的开放性伤口都应抬高，使受伤肢体高于心脏水平线；压迫供血动脉——手臂和腿部伤口的严重出血，如果应用直接压迫和抬高肢体仍不能止血，就需要采用压迫点止血技术；包扎——使用绷带、毛巾、布块等材料压迫止血，保护伤口，减轻疼痛。

③烧伤的急救。应先去除烧伤源，将伤员尽快转移到空气流通的地方，用较干净的衣服把伤面包裹起来，防止再次污染；在现场，除了化学烧伤可用大量流动清水冲洗外，对创面一般不做处理，尽量不弄破水泡，保护表皮。

(2)闭合性创伤的处理。

①较轻的闭合性创伤，如局部挫伤、皮下出血，可在受伤部位进行冷敷，以防止组织继续肿胀，减少皮下出血。

②如发现人员从高处坠落或摔伤等意外时，要仔细检查其头部、颈部、胸部、腹部、四肢、背部和脊椎，看看是否有肿胀、青紫、局部压疼、骨摩擦声等其他内部损伤。假如出现上述情况，不能对患者随意搬动，需按照正确的搬运方法进行搬运；否则，可能造成患者神经、血管损伤并加重病情。

现场常用的搬运方法有：担架搬运法——用担架搬运时，要使伤员头部向后，以便后面抬担架的人可随时观察其变化；单人徒手搬运法——轻伤者可扶着走，重伤者可让其伏在急救者背上，双手绕颈交叉垂下，急救者用双手自伤员大腿下抱住伤员大腿。

③如怀疑有内伤，应尽早使伤员得到医疗处理；运送伤员时要采取卧位，小心搬运，注意保持呼吸道畅通，注意防止休克。

④运送过程中，如突然出现呼吸、心跳骤停时，应立即进行

人工呼吸和体外心脏挤压法等急救措施。

4. 火灾急救知识

一般地说，起火要有三个条件，即可燃物（木材、汽油等）、助燃物（氧气等）和点火源（明火、烟火、电焊花等）。扑灭初起火灾的一切措施，都是为了破坏已经产生的燃烧条件。

（1）火灾急救的基本要点。

施工现场应有经过训练的义务消防队，发生火灾时，应由义务消防队急救，其他人员应迅速撤离。

①及时报警，组织扑救。全体员工在任何时间、地点，一旦发现起火都要立即报警，并在确保安全前提下参与和组织群众扑灭火灾。

②集中力量，主要利用灭火器材，控制火势，集中灭火力量在火势蔓延的主要方向进行扑救，以控制火势蔓延。

③消灭飞火，组织人力监视火场周围的建筑物、露天物资堆放场所的未尽飞火，并及时扑灭。

④疏散物资，安排人力和设备，将受到火势威胁的物资转移到安全地带，阻止火势蔓延。

⑤积极抢救被困人员。人员集中的场所发生火灾，要有熟悉情况的人做向导，积极寻找和抢救被困的人员。

（2）火灾急救的基本方法。

①先控制，后消灭。对于不可能立即扑灭的火灾，要先控制火势，具备灭火条件时再展开全面进攻，一举消灭。

②救人重于救火。灭火的目的是为了打开救人通道，使被困的人员得到救援。

③先重点，后一般。重要物资和一般物资相比，先保护和抢救重要物资；火势蔓延猛烈方面和其他方面相比，控制火势蔓延

的方面是重点。

④正确使用灭火器材。水是最常用的灭火剂，取用方便，资源丰富，但要注意水不能用于扑救带电设备的火灾。各种灭火器的用途和使用方法如下：

酸碱灭火器：倒过来稍加摇动或打开开关，药剂喷出。适用于扑救油类火灾。

泡沫灭火器：把灭火器筒身倒过来，打开保险销，把喷管口对准火源，拉出拉环，即可喷出。适合于扑救木材、棉花、纸张等火灾，不能扑救电气、油类火灾。

二氧化碳灭火器：一手拿好喇叭筒对准火源，另一手打开开关既可。适合于扑救贵重仪器和设备，不能扑救金属钾、钠、镁、铝等物质的火灾。

干粉灭火器：打开保险销，把喷管口对准火源，拉出拉环，即可喷出。适用于扑救石油产品、油漆、有机溶剂和电气设备等火灾。

⑤人员撤离火场途中被浓烟围困时，应采取低姿势行走或匍匐穿过浓烟，有条件时可用湿毛巾等捂住嘴鼻，以便顺利撤出烟雾区；如无法进行逃生，可向建筑物外伸出衣物或抛出小物件，发出求救信号引起注意。

⑥进行物资疏散时应将参加疏散的员工编成组，指定负责人首先疏散通道，其次疏散物资，疏散的物资应堆放在上风向的安全地带，不得堵塞通道，并要派人看护。

5. 中毒及中暑急救知识

施工现场发生的中毒主要有食物中毒、燃气中毒及毒气中毒；中暑是指人员因处于高温高热的环境而引起的疾病。

(1)食物中毒的救护。

①发现饭后有多人呕吐、腹泻等不正常症状时，尽量让病人大量饮水，刺激喉部使其呕吐。

②立即将病人送往就近医院或打120急救电话。

③及时报告工地负责人和当地卫生防疫部门，并保留剩余食品以备检验。

(2)燃气中毒的救护。

①发现有人煤气中毒时，要迅速打开门窗，使空气流通。

②将中毒者转移到室外实行现场急救。

③立即拔打120急救电话或将中毒者送往就近医院。

④及时报告有关负责人。

(3)毒气中毒的救护。

①在井(地)下施工中有人发生毒气中毒时，井(地)上人员绝对不要盲目下去救助；必须先向出事点送风，救助人员装备齐全安全保护用具，才能下去救人。

②立即报告工地负责人及有关部门，现场不具备抢救条件时，应及时拔打110或120电话求救。

(4)中暑的救护。

①迅速转移。将中暑者迅速转移至阴凉通风的地方，解开衣服，脱掉鞋子，让其平卧，头部不要垫高。

②降温。用凉水或50%酒精擦其全身，直到皮肤发红、血管扩张以促进散热。

③补充水分和无机盐类。能饮水的患者应鼓励其喝足量盐开水或其他饮料，不能饮水者，应予静脉补液。

④及时处理呼吸、循环衰竭。呼吸衰竭时，可注射尼可刹明或山梗茶硷；循环衰竭时，可注射鲁明那钠等镇静药。

⑤医疗条件不完善时，应对患者严密观察，精心护理，送往附近医院进行抢救。

6. 传染病急救措施

由于施工现场的人员较多，如果控制不当，容易造成集体感染传染病。因此需要采取正确的措施加以处理，防止大面积人员感染传染病。

(1)如发现员工有集体发烧、咳嗽等不良症状，应立即报告现场负责人和有关主管部门，对患者进行隔离加以控制，同时启动应急救援方案。

(2)立即把患者送往医院进行诊治，陪同人员必须做好防护隔离措施。

(3)对可能出现病因的场所进行隔离、消毒，严格控制疾病的再次传播。

(4)加强现场员工的教育和管理，落实各级责任制，严格履行员工进出现场登记手续，做好病情的监测工作。

参考文献

[1] 中华人民共和国住房和城乡建设部. 钢筋机械连接技术规程: JGJ 107—2016[S]. 北京:中国建筑工业出版社,2010.

[2] 建设部干部学院. 钢筋工. [M]. 武汉:华中科技大学出版社,2009.

[3] 建筑工人职业技能培训教材编委会. 钢筋工[M]. 2 版. 北京:中国建筑工业出版社,2015.

[4] 中华人民共和国住房和城乡建设部. 混凝土结构工程施工质量验收规范:GB 50204—2015[S]. 北京:中国建筑工业出版社,2015.

[5] 中华人民共和国住房和城乡建设部. 大体积混凝土施工规范:GB 50496—2018[S]. 北京:中国建筑工业出版社,2009.

[6] 中华人民共和国住房和城乡建设部. 混凝土结构工程施工规范:GB 50666—2011[S]. 北京:中国建筑工业出版社,2011.

[7] 中华人民共和国住房和城乡建设部. 建筑施工安全技术统一规范:GB 50870—2013[S]. 北京:中国建筑工业出版社,2014.

[8] 建设部人事教育司. 钢筋工[M]. 北京:中国建筑工业出版社,2002.